高等学校计算机教育信息素养系列教材

信息技术导论习题集

周龙福 何世彪 ◎ 主编

人民邮电出版社
北京

图书在版编目（CIP）数据

信息技术导论习题集 / 周龙福，何世彪主编. -- 北京 : 人民邮电出版社，2022.9（2023.1重印）
高等学校计算机教育信息素养系列教材
ISBN 978-7-115-59839-4

Ⅰ. ①信… Ⅱ. ①周… ②何… Ⅲ. ①电子计算机－高等学校－习题集 Ⅳ. ①TP3-44

中国版本图书馆CIP数据核字(2022)第144634号

内 容 提 要

本书是与《信息技术导论》配套的习题集，方便学生自测。全书共两部分，第一部分按照《信息技术导论》的内容，分章选编了习题，共14章，习题类型有名词解释、填空题、单项选择题、多项选择题、判断题和简答题6类，主要考查学生对“信息技术导论”课程基础知识和基本理论的理解；第二部分是习题的参考答案。

本书可作为普通高等学校信息素养通识教育课的教材，也可供信息技术爱好者自学使用。

◆ 主　　编　周龙福　何世彪
　责任编辑　张　斌
　责任印制　王　郁　陈　犇
◆ 人民邮电出版社出版发行　　北京市丰台区成寿寺路11号
　邮编　100164　　电子邮件　315@ptpress.com.cn
　网址　https://www.ptpress.com.cn
　固安县铭成印刷有限公司印刷
◆ 开本：787×1092　1/16
　印张：7　　　　　　　　　　2022年9月第1版
　字数：167千字　　　　　　　2023年1月河北第2次印刷

定价：29.80元

读者服务热线：(010)81055256　印装质量热线：(010)81055316
反盗版热线：(010)81055315
广告经营许可证：京东市监广登字20170147号

前 言

2015 年，我国将“互联网+”纳入国家发展战略，信息技术作为其关键支撑技术得到了前所未有的迅猛发展，已经广泛深入应用于经济发展和社会生活的各个方面，对人们的工作、生活和学习方式产生深刻的影响。如今，学生的信息技术思维、应用能力及创新能力已成为衡量高校人才培养质量的重要指标，学生的信息技术教育背景将直接影响其学习、就业和职业发展，进而对国家的信息化、数字化、网络化和智能化水平产生长远的影响。为了更好地培养学生的信息技术素养和能力，我们在编写了《信息技术导论》之后，又编写了配套的习题集。

本书共两部分，第一部分是习题，按照《信息技术导论》的内容，分章选编了习题，共 14 章；第二部分是习题参考答案。

本书为学习“信息技术导论”课程的学生提供了大量的习题，方便学生自测。学生通过完成这些习题，能够巩固所学知识，进一步加深对“信息技术导论”课程基础知识和基本理论的理解。

由于我们水平有限，书中难免会有遗漏和不足，敬请读者原谅，并恳请将问题反馈给我们（邮箱：719701465@qq.com），以便再版时修订。

编　者

2022 年 3 月

目 录

第一部分
习题

第 1 章　信息与信息技术概论习题

一、名词解释

1. 信息
2. 信息科学
3. 信息技术
4. 信息资源
5. 信息化

二、单项选择题

1. 关于信息的说法，下列叙述中正确的是（　　）。
   A. 收音机就是一种信息　　B. 一本书就是信息
   C. 一张报纸就是信息　　D. 报纸上登载的足球赛的消息是信息
2. 下列有关对信息的理解，错误的是（　　）。
   A. 在一定程度上，人类社会的发展速度取决于人们感知信息、利用信息的广度和深度
   B. 信息无时不在，无处不在，信息是人们行动决策的重要依据
   C. 电视机、电话机、声波、光波是信息
   D. 人们可以借助信息资源对自然界中有限的物质资源和能量资源进行有效的获取、分配和利用
3. 下列不属于信息范畴的是（　　）
   A. 考试成绩　　B. 天气预报　　C. 书籍　　D. 股票价格
4. 下列不属于信息的是（　　）。
   A. 上课的铃声　　B. 收到的开会通知
   C. 电视里播放的汽车降价的消息　　D. 存有照片的数码相机
5. 交通广播电台中的实时路况信息会不断发生变化，这体现了信息的（　　）。
   A. 必要性　　B. 时效性　　C. 共享性　　D. 载体依附性
6. 现代社会中，人们把（　　）称为构成世界的三大要素。
   A. 精神、物质、知识　　B. 财富、能源、知识
   C. 物质、能源、知识　　D. 物质、能源、信息
7. 社会发展至今，人类赖以生存和发展的基础资源有（　　）。
   A. 信息、知识、经济　　B. 物质、能源、信息
   C. 通信、材料、信息　　D. 工业、农业、轻工业
8. 信息是“用来消除不确定性的东西”，是（　　）提出来的。

A. 钟义信　　B. 维纳　　C. 比尔·盖茨　　D. 香农

9. 下列属于信息的是（　　）。

A. 计算机　　B. 光盘　　C. 报纸　　D. 电视台播出的广告

10. 下列关于信息的说法，不正确的是（　　）。

A. 21 世纪是信息社会，信息是人类社会发展到 21 世纪才出现的

B. 信息就像空气一样，无处不在

C. 信息总是以文字、声音、图像、气味等形式被人们的感觉器官所接收

D. 信息是伴随着人类的诞生而产生的

11. 小王和小李就“信息”的范畴展开了讨论。小王说：“报纸上刊登的广告是信息。”小李说：“期中考试的各科成绩是信息。”你认为（　　）。

A. 小王说得对，小李说得不对　　B. 小李说得对，小王说得不对

C. 小王和小李说得都对　　D. 小王和小李说得都不对

12. 著名控制论专家维纳说：“信息就是信息，不是物质，也不是能源。”这句话表明（　　）。

A. 人类对信息的需求高于对物质的需求

B. 人类对信息的需求高于对能源的需求

C. 人类对物质和能源的需求高于对信息的需求

D. 信息、物质、能源同属于资源

13. 网上登载的文章常会被数以万计的人们不断翻阅，这说明信息具有（　　）的特点。

A. 共享性　　B. 变换性　　C. 不确定性　　D. 时效性

14. 计算机能处理声音、图像等多种信息，这种技术属于（　　）。

A. 网络技术　　B. 多媒体技术　　C. 智能化技术　　D. 自动控制技术

15. 信息资源区别于其他资源的一个显著特征是（　　）。

A. 有用性

B. 经过人类组织的、有序的、可存取的信息的集合

C. 丰富度

D. 凝聚度

16. 狭义的信息资源是指（　　）。

A. 信息及其载体　　B. 信源及其信宿

C. 事物的状态及其联系　　D. 数据的形式及其内容

17. 信息产业是信息经济发展的（　　）。

A. 重要基础　　B. 必然结果　　C. 主要现象　　D. 重要资源

18. 信息化是指在人类生产与生活方式中（　　）。

A. 计算机不断普及应用的过程　　B. 信息资源开发、管理和利用的过程

C. 科学技术不断进步的过程　　D. 人民生活水平不断提高的过程

19. 信息对于现代社会的经济活动是一种重要的（　　）。

A. 物质资源　　B. 非物质资源　　C. 可再生资源　　D. 不可再生资源

20. 从信息科学的研究内容来划分，可以将其基本科学体系分为（　　）三个层次。

A. 自动控制、自动处理、自动存档

B. 微电子技术、通信技术、传感技术

C. 信息采集、信息存储、信息处理

D. 信息哲学、基础理论、技术应用

21. 信息科学的研究对象是（　　）。

A. 生物信息　　B. 全信息　　C. 经济信息　　D. 语用信息

22. 信息技术是指（　　）信息的技术。

A. 输入、输出　　B. 分类、加工和存储

C. 加工、存储和表达　　D. 获取、加工、存储、传输、表达与交流

23. 下列有关信息、信息技术、信息化、信息产业的叙述中，错误的是（　　）。

A. 信息、物质与能量是客观世界的三大构成要素，没有信息则任何事物都没有意义

B. 现代信息技术的主要特征之一是以计算机及其软件为核心

C. 信息化的概念起源于 20 世纪 90 年代，我国信息化建设起步于 21 世纪初

D. 信息产业主要包括信息设备制造业、信息服务业、信息开发业等

24. 在国家信息化体系的六要素中，（　　）是国家信息化的核心任务，是国家信息化建设取得实效的关键。

A. 信息技术和产业　　B. 信息资源的开发和利用

C. 信息人才　　D. 信息化相关政策法规和标准规范

25. 在云计算服务类型中，（　　）向用户提供虚拟数据的操作系统、数据库管理系统、Web 应用系统等服务。

A. IaaS　　B. DaaS　　C. PaaS　　D. SaaS

26. 大数据存储技术首先需要解决的是数据海量化和快速增长需求，其次处理格式多样化的数据，谷歌文件系统（Google File System，GFS）和 Hadoop 的（　　）奠定了大数据存储技术的基础。

A. 分布式文件系统　　B. 分布式数据库系统

C. 关系型数据库系统　　D. 非结构化数据分析系统

27. 下列关于智慧城市的理解中，恰当的是（　　）。

A. 智慧城市建设的关键是大量、有效地建设城市 IT 系统

B. 社会治安防控体系不是智慧城市顶层设计主要考虑的内容

C. 电子政务系统是智慧城市的组成部分，由于其特殊性，不鼓励电子政务系统向云计算模式迁移

D. 通过传感器或信息采集设备全方位地获取城市系统数据是智慧城市的基础

28. “互联网+”是互联网思维的进一步实践成果，它代表一种先进的生产力，推动经济形态不断发生演变。以下叙述不正确的是（　　）。

A. 工业 4.0 是由我国提出的“互联网+工业”模式

B. 在线理财、P2P 都属于“互联网+金融”模式

C. “互联网+交通”催生了打车软件等新型产品

D. “互联网+”模式催生新的经济形态，为大众创业、万众创新提供环境

29. 物联网技术作为智慧城市建设的重要技术，其架构一般可分为（　　）。

A. 感知层、网络层和应用层　　B. 平台层、传输层和应用层

C. 平台层、汇聚层和应用层　　　　D. 汇聚层、平台层和应用层

30. 在物联网的关键技术中，射频识别（Radio Frequency Identification，RFID）是一种（　　）。

A. 信息采集技术　　　　B. 无线传输技术

C. 自组织组网技术　　　　D. 中间件技术

三、多项选择题

1. 下列属于信息的是（　　）。

A. 报上登载举办商品展销的消息　　　　B. 电视中某产品广告

C. 各班各科成绩　　　　D. 文字

2. 下列关于信息的说法，正确的是（　　）。

A. 信息是声音、语言、文字、图像、动画等所表示的实际内容

B. 信息是一种资源

C. 信息必须通过人脑才能处理

D. 信息未必通过人脑才能处理

3. 按照广义信息资源的定义，以下属于信息资源的是（　　）。

A. 信息存储的设备　　　　B. 信息存储的方法

C. 信息存储的标准　　　　D. 信息存储的地点

4. 下列对信息技术的叙述，正确的是（　　）。

A. 信息技术是研究如何获取信息、传输信息、处理信息和使用信息的技术

B. 通信技术是信息技术的核心技术

C. 计算机技术是信息技术的核心技术

D. 信息技术简称 IT

5. 下列有关信息技术和信息产业的叙述中，正确的是（　　）。

A. 信息产业专指生产制造信息设备的行业与部门，不包括信息服务业

B. 信息技术与传统产业相结合，对传统产业进行改造，极大地提高了传统产业的劳动生产率

C. 信息产业已经成为世界范围内的朝阳产业和新的经济增长点

D. 我国现在已经成为世界信息产业的大国

四、简答题

1. 简述信息的特征。
2. 信息作为维系人类社会存在及发展的三大要素之一，其重要意义有哪些？
3. 列举一些当前新一代信息技术。

第 2 章　电子与通信习题

一、名词解释

1. 半导体
2. 晶体三极管
3. 场效应晶体管
4. 门电路
5. 组合逻辑电路
6. 摩尔定律
7. 光刻机

二、填空题

1. 经过几百年的发展，电子技术已广泛应用于各行各业，目前各国的技术竞争主要集中在____________上。

2. 根据工作电流或电压的不同，电路可分为直流电路与____________。

3. 在集总电路中，任何时刻，对任一节点，所有流出节点的____________的代数和恒为零。

4. 在集总电路中，任何时刻，沿任一回路，所有____________的代数和恒为零。

5. 在电流一定的条件下，线性电阻元件电阻值越大，消耗的功率____________。

6. 在电压一定的条件下，电阻值越大，消耗的功率____________。

7. PN 结的一个主要特性就是____________。

8. 晶体三极管有三个电极，分别为基极、____________、发射极。

9. 输出和输入之间具有一定逻辑关系的电路称为____________。

10. 门电路通常有两种构成方式：____________和 CMOS 门电路。

11. 逻辑函数的常用表示方法有____________、表达式/逻辑图、卡诺图。

12. 构成 1024×16 位的存储器需要____________片 256×4 位的芯片。

13. 所谓理想二极管，就是当其正偏时，结电阻为零，等效成一条直线；当其反偏时，结电阻为____________，等效成断开。

14. 为了稳定晶体三极管放大电路的静态工作点，采用____________负反馈，为了稳定交流输出电流，采用____________负反馈。

15. 十进制数 255 的二进制数是____________，十六进制数是____________。

16. 单片机是将____________、存储器、特殊功能寄存器、定时/计数器 和输入/输出接口电路以及相互连接的总线等集成在一块芯片上。

17. 在 AT89S51 单片机中，RAM 是____________存储器，ROM 为____________存储器。

18. AT89S51 单片机的内部 RAM 的寻址空间为____________，内部 ROM 的寻址空间为____________。

19. 集成电路按其功能、结构的不同，可以分为模拟集成电路、____________和数/模混合集成电路。

20. FPGA 是由存放在片内 RAM 中的____________来设置其工作状态的。

21. 采用硬件描述语言设计硬件电路，可以增加设计的____________和灵活度，节省人力和物力，缩短开发周期。

22. 3G 主流技术标准包括____________、____________和____________。

23. 移动通信采用的常见多址方式有____________、____________和____________。

24. 2G 主要包括欧洲的____________和美国的____________两种体制。

25. 5G 的法定名称是____________。

26. 5G 定义的三大应用场景包括：____________、____________和____________。

27. 目前，通信用的光纤绝大多数是由____________材料构成的。

28. 光纤通信系统的主要组成包括光纤、____________、____________、__________等。

29. 光在光纤中传输是利用光的____________原理。

30. 光源的作用是将____________变换为____________。

31. 现代通信都是以____________呈现的。

32. 在信息网中，交换一般可分为____________、____________、____________三种方式。

33. ____________中最典型的电路交换网络，是面向连接的，当主叫方与被叫方需要进行通信时，由交换网络分配一条链路，供双方使用。

34. 软交换的基本含义是________________________，通过软件实现呼叫控制功能，包括选路、管理控制、连接控制和信令互通，从而实现呼叫与承载的分离，为控制、交换和业务/应用功能建立分离的平面。

35. 软交换的设计目标是一个____________，它独立于特定的底层硬件和操作系统，并且能够处理各种各样的通信协议。

36. 按通信业务分类，可将通信系统分为____________和____________。

37. 按调制方式分类，可将通信系统分为____________和____________。

38. 按传输信号的特征分类，可将通信系统分为____________和____________。

39. 按传输媒质分类，可将通信系统分为____________和____________。

40. 卫星通信系统根据其轨道高度，可分为____________、____________、____________及____________。

41. 卫星通信中采用的多址连接方式通常有 5 种，即频分多址、____________、____________、____________、____________。

42. 卫星通信是指利用人造地球卫星作为____________来转发无线电波而进行的两个或多个卫星地面站之间的通信。

43. 同步卫星通信是指在地球赤道上空约____________的太空中，围绕地球的圆形轨道上运行的通信卫星。

44. 卫星通信网是由一个或数个通信卫星和指向卫星的若干个____________组成的通信网。

45. 卫星的温控方式有两种，即____________和无源控制。

三、单项选择题

1. 电流的参考方向为（　　）。
   A. 正电荷的移动方向　　B. 负电荷的移动方向
   C. 电流的实际方向　　D. 沿电路任意选定的某一方向
2. 在换路瞬间，下列各项中除（　　）项不能跃变外，其余全可跃变。
   A. 电感电流　B. 电感电压　C. 电容电流　D. 电阻电压
3. 用 1M×4 的 DRAM 芯片通过（　　）扩展可以获得 4M×8 的存储器。
   A. 位　B. 字　C. 字和位　D. 以上都不是
4. 某 EPROM 有 8 条数据线，13 条地址线，则其存储容量为（　　）。
   A. 16KByte　B. 8KByte　C. 8kbit　D. 64KByte
5. 用二进制异步计数器从 0 做加法，计到十进制数 178，则最少需要（　　）个触发器。
   A. 2　B. 6　C. 7　D. 8
6. 对于 JK 触发器，若 J=K，则可完成（　　）触发器的逻辑功能。
   A. RS　B. D　C. T　D. 以上都不是
7. 一个 8 选 1 数据选择器的数据输入端有（　　）个。
   A. 1　B. 2　C. 4　D. 8
8. 差分放大电路是为了（　　）而设置的。
   A. 稳定 Au　B. 放大信号　C. 抑制零点漂移　D. 缩小信号
9. 共模抑制比是差分放大电路的一个主要技术指标，它反映放大电路（　　）的能力。
   A. 放大差模抑制共模　　B. 输入电阻高
   C. 输出电阻低　　D. 缩小差模
10. LM386 是集成功率放大器，它可以使电压放大倍数在（　　）变化。
    A. 0～20　B. 20～200　C. 200～1000　D. 2000～3000
11. 计算机中最常用的字符信息编码是（　　）。
    A. ASCII　B. BCD 码　C. 余三码　D. 循环码
12. AT89S51 单片机采用的内部程序存储器的类型是（　　）。
    A. EPROM　B. SFR　C. Flash　D. 掩膜 ROM
13. 下列计算机语言中，CPU 能直接识别的是（　　）。
    A. 自然语言　B. 高级语言　C. 汇编语言　D. 机器语言
14. 51 单片机复位后，PC 与 P 口（I/O）的值为（　　）。
    A. 0000H，00H　B. 0000H，FFH　C. 0003H，FFH　D. 0003H，00H
15. 提高单片机的晶振频率，则机器周期（　　）。
    A. 变短　B. 变长　C. 不变　D. 不定
16. 单片机的应用程序一般存放于（　　）中。
    A. RAM　B. ROM　C. 寄存器　D. CPU
17. 80C51 基本型单片机内部程序存储器容量为（　　）。
    A. 16KB　B. 8KB　C. 4KB　D. 2KB
18. AT89S51 单片机的 P0 口，当使用外部存储器时，它是一个（　　）。

A. 传输低 8 位地址 / 数据总线口　　B. 传输低 8 位地址口
C. 传输高 8 位地址 / 数据总线口　　D. 传输高 8 位地址口

19. 在 AT89S51 单片机的 4 个并口中，需要外接上拉电阻的是（　　）。
A. P0 口　B. P1 口　C. P2 口　D. P3 口

20. MCS-51 系列单片机属于（　　）体系结构。
A. 冯 · 诺依曼　B. 普林斯顿　C. 哈佛　D. 图灵

21. MCS-51 系列的单片机中，片内 RAM 的字节数可能的是（　　）。
A. 128M　B. 128K　C. 128　D. 64

22. 在杂质半导体中，多数载流子的浓度主要取决于（　　）。
A. 掺杂工艺　B. 杂质浓度　C. 温度　D. 晶体缺陷

23. 数字电路中机器识别和常用的数制是（　　）。
A. 二进制　B. 二十四进制　C. 十进制　D. 十二制

24. 常见的 51 单片机是（　　）位单片机。
A. 2　B. 4　C. 8　D. 16

25. 在 Verilog 中，下列（　　）不是循环语句。
A. forever　B. for　C. case　D. repeat

26. FTTH 指的是（　　）。
A. 光纤到大楼　B. 光纤到户　C. 光纤到小区　D. 光纤到桌面

27. 光纤通信元年是指（　　）年。
A. 1940　B. 1950　C. 1960　D. 1970

28. 光纤通信指的是（　　）。
A. 以光波作载波、以电缆为传输媒介的通信方式
B. 以电波作载波、以光纤为传输媒介的通信方式
C. 以光波作载波、以光纤为传输媒介的通信方式
D. 以激光作载波、以导线为传输媒介的通信方式

29. 下列说法中正确的是（　　）。
A. 为了使光波在纤芯中传输，包层的折射率必须小于纤芯的折射率
B. 为了使光波在纤芯中传输，包层的折射率必须大于涂覆层的折射率
C. 为了使光波在纤芯中传输，包层的折射率必须大于纤芯的折射率
D. 为了使光波在纤芯中传输，包层的折射率必须等于纤芯的折射率

30. 模拟移动通信系统采用的多址方式是（　　）。
A. TDMA　B. CDMA　C. SDMA　D. FDMA

31. 手机使用 DTX 的优点是（　　）。
A. 延长手机电池寿命　　B. 增加接收信号强度
C. 降低比特误码率　　D. 提高通话质量

32. 在 IMT-2000 无线传输（地面）技术方案中，我国提交的方案是（　　）。
A. TD-SCDMA　B. EP-DECT　C. CDMA2000　D. WCDMA

33. 移动台可以任意移动但不需要进行位置更新的区域称为（　　）。
A. 小区　B. 基站区　C. 位置区　D. MSC 区

34. WCDMA 是在（　　）网络基础上发展演进的。

A. CDMA　B. GPRS　C. LTE　D. GSM

35. BPSK 调制解调是指（　　）。

A. 二相相位键控调制解调　B. 四相相位键控调制解调

C. 八相相位键控调制解调　D. 十六相相位键控调制解调

36. 能同时实现多方向、多地址通信的能力称为（　　）。

A. 多址连接　B. 星形连接　C. 星上交换　D. 极化复用

四、多项选择题

1. 电路主要完成的功能是（　　）。

A. 能量转换　B. 信号处理

C. 数据存储与计算　D. 数据转换

2. 51 单片机的最小系统包括（　　）。

A. 开关电路　B. 电源电路

C. 晶振电路　D. 复位电路

3. FPGA 采用了逻辑单元阵列（　　）。

A. 可配置逻辑模块　B. 输入模块

C. 输出模块　D. 内部连线

4. FPGA 中的配置模式包括（　　）。

A. 并行主模式　B. 主从模式　C. 串行模式　D. 外设模式

5. 逻辑函数的表示方法中具有唯一性的是（　　）。

A. 真值表　B. 表达式　C. 逻辑图　D. 卡诺图

6. 对功率放大器的主要要求有（　　）。

A. U0 高　B. P0 大　C. 效率高　D. 波形不失真

五、判断题

1. 集中参数电路是指由集中参数元件构成的电路。（　　）

2. 晶体三极管的发射区加正向电压，又因发射区杂质浓度高，所以大量自由电子因扩散运动越过发射结到达基区。（　　）

3. 异步时序电路各触发器类型不同。（　　）

4. 一般 TTL 门电路的输出端可以直接相连，实现线与。（　　）

5. 计数器的模是指输入计数脉冲的总个数。（　　）

6. 同步时序电路具有统一的时钟 CP 控制。（　　）

7. 逻辑变量的取值，1 比 0 大。（　　）

8. 异或函数与同或函数在逻辑上互为反函数。（　　）

9. 若两个函数具有相同的真值表，则两个逻辑函数必然相等。（　　）

10. 两个 TTL 或非门构成基本 RS 触发器，当 R=S=0 时，触发器的状态为不定。（　　）

11. 用数据选择器可实现时序逻辑电路。（　　）

12. OC 门（集电极开路）的输出端可以直接相连，实现线与。（　　）

13. PLA 实现逻辑函数时，要求产生所有输入变量的最小项。（　　）

14. PAL 器件仅对逻辑宏单元 OLMC 进行编程。（　　）

15. 每个触发器有两个稳态，因此，存储 8 位二进制数码需要 4 个触发器。（　　）

16. PROM 的或阵列是可编程阵列。（　　）

17. 环形计数器在每个时钟脉冲 CP 作用时，仅有一位触发器发生状态更新。（　　）

18. 三态门的作用是提高电路的负载能力，使总线带负载能力有较大提高。（　　）

19. 移位寄存器 74LS194 可串行输入并行输出，但不能串行输入串行输出。（　　）

20. 约束项就是逻辑函数中不会出现的变量取值组合，用卡诺图化简时，可将约束项当作 1，也可当作 0。（　　）

21. 二进制计数器既可实现计数也可用于分频。（　　）

22. 触发器有电平触发和边沿触发方式，触发器的输出状态由触发方式决定。（　　）

23. 组合逻辑电路是指用数字逻辑电路器件所实现的逻辑表达式或真值表，其特点是电路输出与电路原来所处的状态有关。（　　）

24. 集成电路按照它们的集成度高低可分为小规模、中规模、大规模及超大规模 4 种类型。（　　）

25. 单片机加上适当的软件和外部设备，可成为一个单片机控制系统。（　　）

26. GSM 网络中，BCCH 信道不参与跳频。（　　）

27. TD-SCDMA 的载频宽度是 1.6MHz。（　　）

28. 扩频技术提高了系统的保密性。（　　）

29. GSM 网络中，每个频点间隔 200kHz。（　　）

30. MS 移动到同一 MSC 的不同 LA 中，不需要进行位置登记。（　　）

31. 电缆的造价成本远高于光缆，传输容量比光缆大得多。（　　）

32. 光纤传感器可用于高压、高温、腐蚀或其他的恶劣环境。（　　）

33. 光纤光缆的弯曲半径不能过大，即必须小于 20cm。（　　）

34. 为了保证单模传输，光纤的芯径较小。（　　）

35. 现在的程控交换机一般都是采用空分接续的方式。（　　）

36. 在大型程控交换机中，一般都是空分与时隙交换复合使用的。（　　）

37. 电路交换中最典型的电路交换网络，是面向连接的。当主叫方与被叫方需要进行通信时，由交换网络分配一条链路，仅供一方使用。（　　）

38. 分组交换也采用存储转发的方式进行信息传输，与报文交换相同。分组交换是将要传送的信息分成若干分组，每个分组中含有一个分组头，分组头中有路由和控制信息。（　　）

39. 软交换主要提供连接控制、协议转换、选路、网关管理、呼叫控制、带宽管理、信令、安全性和生成呼叫详细记录等功能。（　　）

40. 必须使用静止卫星才能实现卫星通信。（　　）

41. 所有同步轨道都是静止轨道。（　　）

42. 处于赤道平面轨道上的卫星都属于静止卫星。（　　）

43. 静止轨道的倾角是 0°。 (　　)
44. 静止卫星的轨道必然处于赤道平面上。 (　　)

六、简答题

1. 电子技术发展有哪些里程碑式的事件?
2. 场效应晶体管的特点是什么?
3. 数字电路有哪些?
4. 什么是摩尔定律? 什么是缩放定律?
5. 集成电路工艺发展经历了哪几个阶段?
6. 可编程逻辑阵列的特点是什么?
7. 什么是硬件描述语言?
8. 简述移动通信系统的组成。
9. 简述移动通信系统的种类。
10. 简述移动通信发展历史。
11. 5G 采用了哪些关键技术?
12. 简述光纤的分类。
13. 简述光纤通信系统的基本构成。
14. 简述光纤通信的优点。
15. 光纤通信采用了哪些新技术?
16. 交换有哪几种方式?
17. 现在的程控交换机一般采用什么样的交换方式?
18. 软交换的网络特征有哪些?
19. 简述软交换的特点。
20. 简述软交换的含义。
21. 画出模拟通信系统模型。
22. 画出数字通信系统模型。
23. 卫星通信系统主要由哪几部分组成?
24. 列举卫星通信 4 个主要特点。

第 3 章　计算机系统习题

一、名词解释

1. 中央处理器
2. 计算机硬件
3. 计算机软件
4. 控制器
5. 运算器
6. 存储器
7. 输入输出设备
8. 操作系统
9. 系统软件
10. 应用软件
11. 主机
12. ALU
13. 位
14. 字
15. 字节
16. 字长
17. 汇编程序
18. 汇编语言
19. 程序计数器
20. 地址

二、单项选择题

1. 到目前为止，使用最为广泛的计算机形态是（　　）。
   A. 超级计算机　B. 个人计算机　C. 嵌入式计算机　D. 服务器
2. 世界上第一台通用电子计算机使用（　　）作为电子器件。
   A. 晶体管　B. 电子管
   C. 大规模集成电路　D. 超大规模集成电路
3. 1958 年开始出现的第二代计算机，使用（　　）作为电子器件。
   A. 晶体管　B. 电子管
   C. 大规模集成电路　D. 超大规模集成电路

4. 在某些情况下，计算机也可以把程序存储在与其操作数据分开的存储器中，这被称为（　　）。

A. 哈佛体系结构　　B. 冯・诺依曼体系结构
C. 计算机体系结构　　D. 高速缓存体系结构

5. 冯・诺依曼计算机的设计思想是（　　）。

A. 存储数据并按地址顺序执行　　B. 存储程序并按地址逆序执行
C. 存储程序并按地址顺序执行　　D. 存储程序并乱序执行

6. 下列不属于冯・诺依曼计算机的五大部件的是（　　）。

A. 输入设备　　B. 输出设备　　C. 控制器　　D. 缓冲器

7. 通常把组成一个字的二进制位数称为（　　）。

A. 字节　　B. 字数　　C. 字长　　D. 位长

8. 具有记忆能力的电子装置或机电设备称为（　　）。

A. 寄存器　　B. 存储器　　C. 累加器　　D. 缓冲器

9. （　　）的发明是 20 世纪人类最伟大的科学技术成就之一。

A. 计算机　　B. 集成电路　　C. 电视机　　D. 物联网

10. 世界上第一台通用电子计算机是 1946 年在美国诞生的（　　）。

A. ENIAC　　B. EDSAC　　C. EDVAC　　D. MARK

11. 下列表述中，不属于冯・诺依曼计算机主要特点的是（　　）。

A. 程序和数据以二进制代码的形式存放在存储器中
B. 指令由操作码和地址码两部分组成
C. 指令在存储器中按照执行的顺序存放
D. 以控制器为中心

12. 在计算机中，运算器和控制器通常合称为（　　）。

A. ALU　　B. CPU　　C. CU　　D. 主机

13. 在计算机中，运算器的核心部件是（　　）。

A. 累加器　　B. 中央处理器　　C. 算术逻辑单元　　D. 寄存器

14. 下列既是输入设备又是输出设备的是（　　）。

A. 键盘　　B. 显示器　　C. 触摸屏　　D. 扫描仪

15. 下列计算机软件中，属于系统软件的是（　　）。

A. Windows 操作系统　　B. Office 办公软件
C. 360 杀毒软件　　D. QQ 聊天软件

16. 计算机能够直接识别并执行的程序是（　　）。

A. 源程序　　B. 机器语言程序　　C. 汇编语言程序　　D. 高级语言程序

17. 冯・诺依曼为现代计算机的结构奠定了基础，其主要设计思想是（　　）。

A. 采用电子元件　　B. 数据存储　　C. 虚拟存储　　D. 存储程序

18. 传统上，人们以（　　）的更新作为计算机进步和划时代的主要标志。

A. 元器件　　B. 数据　　C. 软件　　D. 用户需求

19. 1965 年到 1970 年期间出现的第三代计算机，使用（　　）作为电子器件。

A. 晶体管　　B. 小规模集成电路与中规模集成电路

C. 电子管 D. 超大规模集成电路

20. 计算机系统由（ ）两大部分组成。

A. 硬件和软件 B. 硬件和固件

C. 软件和固件 D. 应用软件和系统软件

21. 没有安装任何软件的计算机通常称为（ ）。

A. 主机 B. 辅机 C. 裸机 D. 单片机

22. CPU 和存储器通常组装在一个机箱内，合称为（ ）。

A. 主机 B. 辅机 C. 裸机 D. 单片机

23. （ ）是计算机系统的神经中枢和指挥中心，用于控制、指挥计算机系统的各个部分协调工作。

A. 元器件 B. 运算器 C. 中央处理器 D. 控制器

24. （ ）是一个特殊的寄存器，记录着将要读取的下一条指令在存储器中的位置。

A. 指令译码器 B. 指令寄存器 C. 程序计数器 D. 操作控制电路

25. 在存储器中一个字节（Byte）由（ ）位二进制信息组成。

A. 8 B. 4 C. 16 D. 32

26. （ ）是向计算机中（内存）输入程序、数据等各种信息的设备。

A. 控制器 B. 输出设备 C. 存储器 D. 输入设备

27. 能够将计算机的处理结果从内存中输出，并以用户能够接受的形式表示出来的设备是（ ）。

A. 控制器 B. 输出设备 C. 存储器 D. 输入设备

28. （ ）指的是管理、监控、维护计算机的软硬件资源，使计算机系统能够高效率工作的一组程序及文档资料。

A. 语言处理系统 B. 操作系统 C. 系统软件 D. 数据库管理软件

29. 我国自行研制的第一台每秒运算亿次以上的巨型计算机是（ ）。

A. “银河-Ⅰ” B. “银河-Ⅱ” C. “探索 108” D. “曙光 2000-Ⅱ”

30. 计算机的发展方向是微型化、巨型化、多媒体化、智能化和（ ）。

A. 网络化 B. 功能化 C. 系列化 D. 模块化

31. 通常所说的 PC 是指（ ）。

A. 小型计算机 B. 微型计算机 C. 大型计算机 D. 中型计算机

32. 可以将图片输入计算机的设备是（ ）。

A. 绘图仪 B. 鼠标 C. 键盘 D. 扫描仪

33. IR 又称为（ ），它主要用来保存从内存中读取出来的指令。

A. 指令译码器 B. 指令寄存器 C. 程序计数器 D. 操作控制电路

34. 指令译码器主要用于（ ）。

A. 识别、分析指令的功能，确定指令的操作要求

B. 根据指令译码，产生各种控制操作命令

C. 记录将要读取的下一条指令在存储器中的位置

D. 生成脉冲时序信号，以协调、控制计算机各部件的工作

35. 控制器工作的实质就是（ ），它每次从存储器读取一条指令，进行分析译码。

A. 翻译程序 B. 编译程序 C. 解释程序 D. 汇编程序

36. ALU 是具体完成算术与逻辑运算的单元，是运算器的核心，由（ ）和其他逻辑运算单元组成。

A. 减法器 B. 加法器 C. 寄存器 D. 缓冲器

37. 除了存放操作数之外，还用于存放中间结果和最后结果的一个特殊的寄存器是（ ）。

A. 累加器 B. 减法器 C. 程序计数器 D. 地址寄存器

38. 以下不属于逻辑运算的是（ ）。

A. 与（AND） B. 或（OR） C. 异或（XOR） D. 加法

三、多项选择题

1. 从 ENIAC 的出现到今天，可以将电子计算机的发展分为（ ）等几个阶段。

A. 晶体管计算机 B. 电子管计算机
C. 集成电路计算机 D. 超大规模集成电路计算机
E. 网络时代

2. 冯·诺依曼体系结构的主要特点是（ ）。

A. 硬连线 B. 使用二进制数 C. 存储数据 D. 存储程序

3. 20 世纪 70 年代，集成电路技术的采用和其后微处理器的产生，导致计算机在（ ）上有了一次新的飞跃。

A. 尺寸 B. 速度 C. 价格 D. 可靠性

4. 冯·诺依曼体系结构的计算机具有共同的基本配置有（ ）。

A. 控制器 B. 运算器 C. 存储器 D. 输入设备和输出设备

5. 控制器是计算机系统的神经中枢和指挥中心，控制器主要由（ ）组成。

A. 程序计数器 B. 指令寄存器 C. 指令译码器 D. 操作控制电路
E. 时序控制电路

6. 控制器作为计算机系统的指挥中心，其基本任务有（ ）。

A. 取指令 B. 分析指令 C. 执行指令 D. 计算指令

7. 计算机软件系统内容丰富，通常将软件分为（ ）。

A. 系统软件 B. 操作系统 C. 应用软件 D. 数据库管理软件

8. 数字计算机的发展趋势包括（ ）。

A. 巨型化 B. 微型化 C. 网络化 D. 智能化
E. 多媒体

9. 下列属于系统软件范畴的有（ ）。

A. 操作系统 B. 360 杀毒软件
C. 数据库管理系统 D. 计算机网络软件
E. 语言处理系统

10. 计算机程序设计语言的发展，经历了（ ）的发展阶段。

A. C 语言 B. 机器语言 C. 汇编语言 D. 算法语言

11. 下列属于逻辑运算的有（　　）。

A. 与（AND）　B. 或（OR）　C. 异或（XOR）　D. 非（NOT）

12. 计算机的主要应用领域有（　　）。

A. 科学计算　B. 信息处理　C. 自动控制　D. 辅助设计

E. 人工智能

13. 计算机辅助技术是指利用计算机帮助人们进行各种设计、处理等过程，它包括（　　）。

A. 计算机辅助设计（CAD）　B. 计算机辅助制造（CAM）

C. 计算机辅助教学（CAI）　D. 计算机辅助测试（CAT）

四、简答题

1. 什么是计算机系统？
2. 从传统的观点来看，基本计算机硬件系统由哪几个功能部件组成？
3. 冯·诺依曼计算机的主要设计思想是什么？具体内容是什么？
4. 计算机发展经历了哪几个时代？
5. 计算机可以应用在哪些领域？
6. 什么是输入设备和输出设备？目前常用的输入设备和输出设备有哪些？
7. 计算机的指令和数据全部以二进制数形式存放在存储器中，如何分清哪些是指令，哪些是数据？
8. 什么是系统软件？常见的系统软件主要包括哪些？
9. 什么是操作系统？操作系统有哪些分类？

第 4 章　计算机软件习题

一、名词解释

1. 软件危机
2. 软件生命周期
3. 瀑布模型
4. 软件定义
5. 快速原型模型
6. 喷泉模型
7. 软件开发模型
8. 中间件
9. 应用软件
10. 系统软件

二、单项选择题

1. 计算机操作系统的主要功能是（　　）。
   A. 管理计算机系统的软硬件资源，以充分发挥计算机资源的效率，并提供良好的运行环境
   B. 把运用高级程序设计语言和汇编语言编写的程序翻译到计算机硬件可以直接执行的目标程序上，为用户提供良好的软件开发环境
   C. 对各类计算机文件进行有效的管理，并提交计算机硬件高效处理
   D. 为用户方便地操作和使用计算机
2. 计算机软件的确切含义是（　　）。
   A. 计算机程序、数据与相应文档的总称
   B. 系统软件与应用软件的总称
   C. 操作系统、数据库管理软件与应用软件的总称
   D. 各类应用软件的总称
3. 下列关于编译程序的说法，正确的是（　　）。
   A. 编译程序属于计算机应用软件，所有用户都需要编译程序
   B. 编译程序不会生成目标程序，而是直接执行源程序
   C. 编译程序完成高级语言程序到低级语言程序的等价翻译
   D. 编译程序构造比较复杂，一般不进行出错处理
4. 用高级程序设计语言编写的程序（　　）。

A. 计算机能直接执行　　B. 具有良好的可读性和可移植性

C. 执行效率高　　D. 依赖于具体机器

5. 计算机系统软件中，最基本、最核心的软件是（　　）。

A. 操作系统　　B. 数据库管理系统

C. 程序语言处理系统　　D. 系统维护工具

6. 下列属于系统软件的是（　　）。

A. 航天信息系统　B. Office 2016　C. Windows 10　D. 决策支持系统

7. 高级程序设计语言的特点是（　　）。

A. 高级语言数据结构丰富

B. 高级语言与具体的机器结构密切相关

C. 高级语言接近算法语言但不易掌握

D. 用高级语言编写的程序计算机可立即执行

8. 计算机硬件能直接识别、执行的语言是（　　）。

A. 汇编语言　B. 机器语言　C. 高级程序语言　D. C++语言

9. 计算机操作系统通常具有的 5 大功能是（　　）。

A. CPU 管理、显示器管理、键盘管理、打印机管理和鼠标器管理

B. 硬盘管理、U 盘管理、CPU 管理、显示器管理和键盘管理

C. 处理器（CPU）管理、存储管理、文件管理、设备管理和作业管理

D. 启动、打印、显示、文件存取和关机

10. 下列 6 个软件中，属于系统软件的有（　　）。

①字处理软件；②Linux；③UNIX；④学籍管理系统；⑤Windows 10；⑥Office 2016

A. ①②③　B. ②③⑤　C. ①②③⑤　D. 全部都不是

11. 下列各类计算机程序语言中，不属于高级程序设计语言的是（　　）。

A. C 语言　B. FORTAN 语言　C. Java 语言　D. 汇编语言

12. 下列软件中，不属于操作系统的是（　　）。

A. Linux　B. UNIX　C. MS DOS　D. MS Office

13. 下列各组软件中，属于应用软件的是（　　）。

A. Windows XP 和管理信息系统　　B. UNIX 和文字处理程序

C. Linux 和视频播放系统　　D. Office 2003 和军事指挥程序

14. 关于汇编语言程序，说法正确的是（　　）。

A. 相对于高级程序设计语言程序，具有良好的可移植性

B. 相对于高级程序设计语言程序，具有良好的可读性

C. 相对于机器语言程序，具有良好的可移植性

D. 相对于机器语言程序，具有较高的执行效率

15. 下列叙述正确的是（　　）。

A. 高级语言编写的程序可移植性差

B. 机器语言就是汇编语言，无非是名称不同而已

C. 指令是由一串二进制数 0、1 组成的

D. 用机器语言编写的程序可读性好

16. 微机上使用的 Windows XP 是（　　）。
A. 多用户多任务操作系统　　B. 单用户多任务操作系统
C. 实时操作系统　　D. 多用户分时操作系统
17. 把用高级语言写的程序转换为可执行程序，要经过的过程是（　　）。
A. 汇编和解释　　B. 编辑和链接
C. 编译和链接装配　　D. 解释和编译
18. 下列叙述错误的是（　　）。
A. 把数据从内存传输到硬盘称为写盘
B. WPS Office 2019 属于系统软件
C. 把源程序转换为机器语言的目标程序的过程叫编译
D. 在计算机内部，数据的传输、存储和处理都使用二进制编码
19. 下列叙述正确的是（　　）。
A. 用高级程序语言编写的程序称为源程序
B. 计算机能直接识别并执行用汇编语言编写的程序
C. 机器语言编写的程序执行效率最低
D. 高级语言编写的程序的可移植性最差
20. 计算机软件系统包括（　　）。
A. 系统软件和应用软件　　B. 编译系统和应用软件
C. 数据库管理系统和数据库　　D. 程序和文档
21. 操作系统是计算机系统中的（　　）。
A. 主要硬件　　B. 系统软件　　C. 工具软件　　D. 应用软件
22. 下列各组软件中，全部属于应用软件的是（　　）。
A. Windows 10、WPS Office 2019、Word 2016
B. UNIX、Visual FoxPro、AutoCAD
C. MS-DOS、用友财务软件、学籍管理系统
D. Word 2016、Excel 2016、金山词霸
23. 操作系统是计算机软件系统中（　　）。
A. 最常用的应用软件　　B. 最核心的系统软件
C. 最通用的专用软件　　D. 最流行的通用软件
24. 计算机操作系统的作用是（　　）。
A. 统一管理计算机系统的全部资源，合理组织计算机的工作流程，以达到充分提高计算机资源的效率；为用户提供使用友好的计算机界面
B. 对用户文件进行管理，方便用户存取
C. 执行用户的各类命令
D. 管理各类输入/输出设备
25. 软件定义的核心是（　　）。
A. 大数据技术　　B. 应用程序接口　　C. 网络技术　　D. 人工智能
26. 瀑布模型本质上是一种（　　）模型。
A. 线性顺序　　B. 顺序迭代　　C. 线性迭代　　D. 早期产品

27. （　　）是一种面向对象的模型，主要用于描述面向对象软件的开发过程。

A. 瀑布模型　B. 增量模型　C. 喷泉模型　D. 螺旋模型

28. 螺旋模型是一种演化软件开发过程模型，优点是引入了其他模型不具备的（　　）。

A. 成本管理　B. 质量控制　C. 风险分析　D. 进度控制

29. 螺旋模型综合了（　　）的优点，特别适合于大型且复杂的系统。

A. 瀑布模型和演化模型　B. 瀑布模型和喷泉模型

C. 演化模型和喷泉模型　D. 原型和喷泉模型

30. 增量模型本质上是一种（　　）。

A. 线性顺序模型　B. 整体开发模型

C. 非整体开发模型　D. 顺序执行模型

31. 软件开发阶段的三个基本活动为（　　）。

A. 分析，设计，编码　B. 分析，设计，测试

C. 设计，编码，测试　D. 分析，编码，测试

32. 软件开发中系统分析阶段产生的文档是（　　）。

A. 数据流图　B. 系统说明书

C. 模块结构图和模块说明书　D. 数据字典

33. 软件开发的瀑布模型描述了软件生命周期的阶段划分，与其相适应的软件开发方法是（　　）。

A. 构建化方法　B. 结构化方法　C. 面向对象方法　D. 快速原型方法

34. 详细设计的任务是决定每个模块的内部特性，即模块（　　）。

A. 外部特性　B. 内部特性

C. 算法和使用数据　D. 功能和输入输出数据

35. 在软件生命周期中，工作量占比最大的是（　　）。

A. 需求分析　B. 建立系统的结构

C. 编写代码　D. 维护

36. 一个完整的计算机软件应包含（　　）。

A. 系统软件和应用软件　B. 编辑软件和应用软件

C. 数据库软件和工具软件　D. 程序、相应数据和文档

37. 下列说法中，正确的是（　　）。

A. 只要将高级程序语言编写的源程序文件（如 try.C.）的扩展名更改为.exe，它就成为可执行文件了

B. 当代高级的计算机可以直接执行用高级程序语言编写的程序

C. 用高级程序语言编写的源程序经过编译和链接后成为可执行程序

D. 用高级程序语言编写的程序可移植性和可读性都很差

38. 操作系统将 CPU 的时间资源划分成极短的时间片，轮流分配给各终端用户，使终端用户单独分享 CPU 的时间片，有独占计算机的感觉，这种操作系统称为（　　）。

A. 实时操作系统　B. 批处理操作系统

C. 分时操作系统　D. 分布式操作系统

39. 下列叙述正确的是（　　）。

A. 计算机能直接识别并执行用高级程序语言编写的程序
B. 用机器语言编写的程序可读性最差
C. 机器语言就是汇编语言
D. 高级语言的编译系统是应用程序

40. 下列属于系统软件的是（ ）。
A. C++编译程序 B. Excel 2016 C. 学籍管理系统 D. 财务管理系统

三、多项选择题

1. 下列属于系统软件的有（ ）。
A. UNIX B. DOS C. CAD D. Excel

2. 下列属于应用软件的有（ ）。
A. CAD B. Word C. 汇编程序 D. C 语言编译程序

3. 计算机程序设计语言的翻译程序有（ ）。
A. 编辑程序 B. 编译程序 C. 连接程序 D. 汇编程序

4. 程序设计最主要的内容是（ ）的设计。
A. 算法 B. UI 界面 C. 性能 D. 数据结构

5. 尽管计算机程序设计语言的差别很大，但基本语言成分都可归纳为（ ）。
A. 数据成分 B. 运算成分 C. 控制 D. 传输成分

6. 语言处理程序分为（ ）。
A. 汇编程序 B. 解释程序 C. 应用程序 D. 编译程序

7. 下列关于操作系统的叙述中，不正确的是（ ）。
A. 操作系统是源程序的开发系统 B. 操作系统用于执行用户键盘操作
C. 操作系统是系统软件的核心 D. 操作系统可以编译高级语言程序

8. 计算机程序设计语言大致可以分为（ ）。
A. 自然语言 B. 机器语言 C. 汇编语言 D. 高级语言

9. 软件是由（ ）组成的。
A. 程序 B. 数据结构 C. 文档 D. 接口

10. 软件开发阶段的基本活动包括（ ）。
A. 分析 B. 设计 C. 运维 D. 测试

11. 软件结构设计的具体任务是（ ）。
A. 根据功能将一个复杂系统划分为模块
B. 建立模块的层次结构和调用关系
C. 确定模块与人机界面的接口
D. 设计数据库结构

12. 软件详细设计阶段的任务是（ ）。
A. 算法设计 B. 数据结构设计 C. 调用关系设计 D. 输入/输出设计

13. 常用的软件开发模型有（ ）。
A. 输入–输出 B. 瀑布模型 C. 模拟测试 D. 增量模型

14. 操作系统的主要特性包括（　　）。

A. 同步性　B. 并发性　C. 异步性　D. 共享性

15. 软件定义数据中心包括 3 大核心功能，即（　　）。

A. 服务器虚拟化　B. 软件虚拟化　C. 网络虚拟化　D. 存储虚拟化

16. 软件定义存储是指（　　）分离的存储体系结构。

A. 存储软件　B. 网络　C. 数据库　D. 硬件

17. 对于软件特征，下列说法正确的是（　　）。

A. 无形的，没有物理形态，只能通过运行状况了解功能、特性和质量

B. 软件渗透了大量的脑力劳动，人的逻辑思维、智能活动和技术水平是软件产品的关键

C. 软件不会像硬件一样老化磨损，但存在缺陷维护和技术更新

D. 软件的开发和运行必须依赖于特定的计算机系统环境，对于硬件有依赖性，为了减少依赖，开发中提出了软件的可移植性

18. 对于软件的含义，下列说法正确的是（　　）。

A. 软件是指计算机系统中的程序及其文档

B. 软件是用户与硬件之间的接口界面，用户主要通过软件与计算机进行交流

C. 程序运行时，能够提供所要求功能和性能的指令或计算机程序集合，程序能够处理信息的数据结构

D. 软件是指计算机系统中的程序和数据，但不包括文档

19. 关于软件发展历程，描述错误的是（　　）。

A. 第一代软件主要使用机器语言编写

B. 第二代软件开始使用汇编语言进行编写

C. 在第三代软件时期，出现了数据库技术和统一管理数据的软件系统

D. 在第四代软件时期，软件体系结构已从集中式主机模式转变为分布式的客户端/服务器（C/S）模式或浏览器/服务器（B/S）模式

20. 下列属于数据库管理系统的是（　　）。

A. Oracle　B. SQL Server　C. MySQL　D. Excel

四、判断题

1. 为了方便人们记忆、阅读和编程，对机器指令用符号表示，相应形成的计算机语言称为汇编语言。（　　）

2. 操作系统的 3 个重要作用体现在：管理系统软硬件资源、为用户提供各种服务界面、为应用程序开发提供平台。（　　）

3. 计算机应用最多的是数值计算。（　　）

4. “引导程序”的功能是把操作系统的一部分程序从内存写入磁盘。（　　）

5. C++语言是对 C 语言的扩充，是面向对象的程序设计语言。（　　）

6. 汇编语言程序的执行效率比机器语言高。（　　）

7. 当计算机完成加载过程之后，操作系统即被装入内存中运行。（　　）

8. 计算机系统中，最重要的应用软件是操作系统。 ( )

9. 一般将使用高级语言编写的程序称为源程序，这种程序不能直接在计算机中运行，需要由相应的语言处理程序翻译成机器语言程序才能执行。 ( )

10. 源程序通过编译程序的处理可以一次性地产生高效运行的目的程序，并把它保存在磁盘上，以备多次执行。 ( )

11. Windows 桌面也是 Windows 操作系统中的一个文件夹。 ( )

12. Windows 操作系统中的图形用户界面（GUI）使用窗口显示正在运行的应用程序的状态。 ( )

13. 软件产品的设计报告、维护手册和用户使用指南等不属于计算机软件的组成部分。 ( )

14. 操作系统的加载是指将操作系统的全部程序安装到计算机的内存中。 ( )

15. 多任务处理指 CPU 可在同一时刻执行多个任务。 ( )

16. Word、Excel、PowerPoint、Photoshop 都是通用应用软件。 ( )

17. 在 Windows 操作系统中，一个磁盘上允许存放多个文件夹，在文件夹中保存的是若干个文件的正文内容。 ( )

18. 用汇编语言编写的程序可以被计算机直接执行。 ( )

19. 软件不会失效。 ( )

20. 软件许可证是一种法律合同。 ( )

五、简答题

1. 什么是软件？软件有哪些特征？
2. 软件有哪些类别？
3. 什么是软件的生命周期？
4. 软件开发分为哪几个阶段？
5. 软件定义是什么？
6. 软件定义主要包括哪些方面的内容？
7. 软件定义面临的挑战是什么？

第 5 章　计算机网络习题

一、名词解释

1. 计算机网络
2. 网络拓扑结构
3. 局域网
4. 广域网
5. 网络传输介质
6. 中继器
7. 交换机
8. 路由器
9. 防火墙
10. 移动互联网
11. 搜索引擎
12. ISP
13. “互联网+”
14. 新媒体
15. 电子商务

二、单项选择题

1. 计算机网络的主要功能是（　　）。

A. 提高系统冗余度，增强安全性　　B. 数据通信和资源共享
C. 过程控制和实时控制　　D. 并行处理和分布计算

2. 在处理宇宙飞船升空及飞行这一问题时，网络中的所有计算机都协作完成一部分的数据处理任务，体现了网络的（　　）功能。

A. 资源共享　　B. 分布处理
C. 数据通信　　D. 提高计算机的可靠性和可用性

3. 计算机网络中广域网和局域网的分类是以（　　）来划分的。

A. 信息交换方式　B. 传输控制方法　C. 网络使用者　D. 网络覆盖范围

4. 下列属于计算机网络连接设备的是（　　）。

A. 交换机　B. 光盘驱动器　C. 显示器　D. 鼠标

5. 下列不属于无线介质的是（　　）。

A. 激光　B. 电磁波　C. 光纤　D. 微波

6. 网络层的互连设备是（　　）。

A. 网桥　　B. 交换机　　C. 路由器　　D. 网关

7. ISP 指的是（　　）。

A. 网络服务供应商　　B. 信息内容供应商

C. 软件产品供应商　　D. 硬件产品供应商

8. 负责网络的资源管理和通信工作，并响应网络工作的请求，为网络用户提供服务的设备是（　　）。

A. 计算机公司　　B. 工作站　　C. 网络服务器　　D. 网页

9. Web 使用（　　）进行信息传送。

A. HTTP　　B. HTML　　C. FTP　　D. TELNET

10. 在常用的传输媒体中，带宽最宽、信号传输衰减最小、抗干扰能力最强的传输媒体是（　　）。

A. 双绞线　　B. 无线信道　　C. 同轴电缆　　D. 光纤

11. 智能手机的特点是（　　）。

A. 具备无线接入互联网的能力　　B. 可以打电话

C. 可以发短信　　D. 可以玩游戏

12. 手机的操作系统主要有（　　）。

A. 安卓、iOS　　B. 安卓、iSO

C. 安卓、S40　　D. Windows XP

13. 下列关于移动互联网的描述，不正确的是（　　）。

A. 移动互联网使得用户可以在移动状态下接入和使用互联网服务

B. 移动互联网是桌面互联网的复制和移植

C. 传感技术能极大地推动移动互联网的发展

D. 在移动互联网领域，仍存在浏览器竞争及“孤岛”问题

14. 手机或移动互联网面临的安全问题主要有 4 类，即手机系统安全、手机通信安全、手机（硬件）安全和（　　）。

A. 互联网提供硬件服务　　B. 手机隐私安全

C. 互联网提供通信服务　　D. 互联网提供用户服务

15. 下列属于移动互联网在生产领域的应用的是（　　）。

A. 手机搜索　　B. 手机游戏　　C. 智能控制　　D. 手机电商

16. 局域网的英文缩写是（　　）。

A. LAN　　B. WAN　　C. MEN　　D. MAN

17. 下列一般用于测试网络是否连通的命令是（　　）。

A. telnet　　B. nslookup　　C. ping　　D. ftp

18. 无线局域网可以简写为（　　）。

A. VLAN　　B. WLAN　　C. LAN　　D. WAN

19. 双绞线的有效传输距离是（　　）米。

A. 100　　B. 200　　C. 300　　D. 500

20. 在同一个信道上的同一时刻，能够进行双向数据传送的通信方式是（　　）。

A. 单工　B. 半双工　C. 全双工　D. 以上都不是

21. 世界上第一个计算机网络是（　　）。

A. ARPANET　B. ChinaNet　C. Internet　D. CERNET

22. 一座大楼内的一个计算机网络系统，属于（　　）。

A. PAN　B. LAN　C. MAN　D. WAN

23. 随着电信和信息技术的发展，国际上出现了所谓“三网融合”的趋势，下列不属于三网之一的是（　　）。

A. 传统电话网　B. 计算机网　C. 有线电视网　D. 卫星通信网

24. 双绞线由两根具有绝缘保护层的铜导线按一定密度互相绞在一起组成，这样可以（　　）。

A. 降低信号干扰的程度　B. 降低成本

C. 提高传输速度　D. 没有任何作用

25. 系统可靠性最高的网络拓扑结构是（　　）。

A. 总线型　B. 网状　C. 星形　D. 树形

26. “互联网+”本质上体现的是（　　）驱动。

A. 智能化　B. 信息化　C. 服务化　D. 产业化

27. “互联网+（　　）”，是“互联网+”行动计划首先要加以推动的领域。

A. 制造　B. 服务　C. 农业　D. 运输

28. 我们上网时，需要大量的网络信息通常是通过（　　）获得的。

A. 新闻组　B. 搜索引擎　C. BBS　D. QQ

29. 世界上第一个网络在（　　）年诞生。

A. 1946　B. 1969　C. 1977　D. 1973

30. Internet 上计算机的名字由许多域构成，域间用（　　）分隔。

A. 冒号　B. 逗号　C. 分号　D. 小圆点

31. 从网址“www.gzu.edu.cn”中可以看出，它是我国的一个（　　）的站点。

A. 商业部门　B. 政府部门　C. 教育部门　D. 科技部门

32. URL 的作用是（　　）。

A. 定位主机的地址　B. 定位资源的地址

C. 域名与 IP 地址的转换　D. 表示电子邮件的地址

33. 万维网的网址以 http 为前导，表示遵从（　　）协议。

A. 纯文本　B. 超文本传输　C. TCP/IP　D. PoP

34. 中继器的主要作用是（　　）。

A. 连接两个 LAN　B. 方便网络配置

C. 延长通信距离　D. 实现信息交换

三、多项选择题

1. 下列关于计算机网络叙述正确的是（　　）。

A. Internet 也称因特网

B. 计算机网络是在通信协议控制下实现的计算机之间的连接
C. 把多台计算机通过传输线路连接起来，就是 Internet
D. 建立计算机网络的主要目的是实现数据通信和资源共享

2. 目前 Internet 的主要服务功能包括（　　）。
A. 电子邮件　B. 文件传输　C. 远程登录　D. 信息查询

3. 网络互连的设备可以是（　　）。
A. 中继器　B. 路由器　C. 交换机　D. 网关

4. 用户使用电子邮件，必须向 ISP 申请电子邮件账号，其中包括（　　）。
A. 用户名　B. 密码　C. TCP 协议　D. 邮件服务器

5. 局域网中网络硬件包括（　　）。
A. 网络服务器　B. 网络工作站　C. 新媒体　D. 网卡

6. 局域网根据其拓扑结构可分为（　　）网络。
A. 星形　B. 总线型　C. 树形　D. 环形

7. 下列属于新媒体的是（　　）。
A. 网络电视　B. 博客　C. 公众号　D. 视频

8. 下列属于即时通信软件的是（　　）。
A. 微信　B. QQ　C. 钉钉　D. 电子邮件

9. 下列属于 URL 的组成元素的是（　　）。
A. 通信协议　B. 主机　C. 端口号　D. 路径

10. 下列属于移动互联网的特征的是（　　）。
A. 媒体化　B. 社交化　C. 融合化　D. 透明化

11. 移动互联网主要由（　　）几部分构成。
A. 公众互联网上的内容　B. 便携式终端
C. 移动通信网接入　D. 不断创新的商业模式

12. 网络游戏的危害有（　　）。
A. 浪费时间和金钱　B. 影响身体健康
C. 对心理和精神健康产生影响　D. 影响正常的学习、生活

四、简答题

1. 简述计算机网络的主要功能。
2. 简述常见的几种拓扑结构及其优缺点。
3. 目前 Internet 提供的服务主要有哪些?
4. 局域网的主要技术特征是什么?
5. 简述双绞线的特点。
6. 光传输的原理是什么？光纤分为哪几种类型?
7. 计算机网络面临的安全威胁有哪些?

第 6 章　云计算与分布式习题

一、名词解释

1. 云计算
2. PaaS
3. IaaS
4. SaaS
5. 私有云
6. 公有云
7. 混合云
8. 数据中心
9. 虚拟化技术
10. 计算虚拟化
11. 网络虚拟化
12. 存储虚拟化
13. 直接附接存储
14. 网络附接存储
15. 存储区域网

二、单项选择题

1. 与 SaaS 不同，这种云计算形式把开发环境或者运行平台也作为一种服务提供给用户，这种服务的形式为（　　）。

A. 软件即服务　　B. 基于平台服务
C. 基于 Web 服务　　D. 基于管理服务

2. 云计算是对（　　）技术的发展与运用。

A. 并行计算　　B. 网格计算
C. 分布式计算　　D. 三个选项都是

3. 与网格计算相比，下列选项不属于云计算特征的是（　　）。

A. 资源高度共享　　B. 适合紧耦合科学计算
C. 支持虚拟机　　D. 使用商业领域

4. 将平台作为服务的云计算服务类型是（　　）。

A. PaaS　　B. SaaS　　C. IaaS　　D. DaaS

5. 在 Windows 操作系统中安装 VMware 虚拟软件，然后在 VMware 中安装 Linux 操作系统，这一过程属于（　　）。

A. 存储虚拟化　　B. 内存虚拟化

C. 系统虚拟化　　D. 网络虚拟化

6. IaaS 是（　　）的简称。

A. 软件即服务　　B. 平台即服务

C. 基础设施即服务　　D. 硬件即服务

7. 基础设施作为服务的云计算服务类型是（　　）。

A. IaaS　　B. PaaS　　C. SaaS　　D. 以上都不是

8. SAN 属于（　　）。

A. 内置存储　　B. 外挂存储

C. 网络化存储　　D. 以上都不是

9. 云计算的一大特征是（　　），没有高效的网络，云计算就什么都不是，不能给用户提供很好的使用体验。

A. 按需自动服务　　B. 无处不在的网络介入

C. 资源池化　　D. 快速弹性伸缩

三、多项选择题

1. 下列属于云计算的特征的是（　　）。

A. 超大规模　　B. 集中管理　　C. 海量资源　　D. 节能减排

E. 支持高并发

2. 云计算的服务模式有（　　）。

A. IaaS　　B. PaaS　　C. SaaS　　D. FaaS

E. KaaS

3. 云计算按部署分类分为（　　）。

A. 私有云　　B. 混合云　　C. 行业云　　D. 企业云

E. 公有云

4. 硬盘的接口有（　　）。

A. IDE　　B. SATA　　C. DEC　　D. KAS

E. SCSI

5. 分布式存储的特征有（　　）。

A. 一致性　　B. 统一性　　C. 可用性　　D. 容错性

E. 兼容性

6. 资源管理技术主要有（　　）。

A. 复用　　B. 虚拟技术　　C. 抽象技术　　D. 分布式

E. 集中管理

7. 云产品有（　　）。

A. 云服务器　　B. 云网络　　C. 云数据库　　D. 负载均衡

E. 人工智能

四、简答题

1. 云服务模式主要有哪些?
2. 简述 IaaS 的特征。
3. 简述 PaaS 的特性。
4. 简述 SaaS 的特征。
5. 简述云计算的特点。
6. 云计算按部署模式分类分为哪些类型?
7. 简述虚拟化技术的分类。
8. 为什么要采用虚拟化技术?
9. 列举 3 个以上的主流存储虚拟化产品。
10. 硬盘常见的接口有哪些?
11. 简述固态硬盘的特点。
12. 简述机械硬盘的特点。
13. 简述分布式存储的特征。
14. 资源管理技术的分类有哪些?

第 7 章　物联网习题

一、名词解释

1. RFID
2. 无线传感器网络
3. 物联网
4. 传感器
5. 中间件技术
6. 二维码技术
7. NB-IoT
8. M2M 技术
9. 蓝牙
10. ZigBee

二、单项选择题

1. 被称为“中国物联网之都”的城市为（　　）。
   A. 上海　B. 无锡　C. 杭州　D. 北京
2. 物联网的英文名称为（　　）。
   A. IoT（Internet of Things）　B. CPS（Cyber Physical System）
   C. WSN（Wireless Sensor Network）　D. RFID（Radio Frequency Identification）
3. 下列属于物联网感知层的关键技术的是（　　）。
   A. 数据处理技术　B. 感知与标识技术
   C. 通信技术　D. 数据存储技术
4. 下列属于短距离无线通信技术的是（　　）。
   A. 卫星通信技术　B. ZigBee　C. 蜂窝通信技术　D. 5G 通信技术
5. 利用 RFID、传感器、二维码等随时随地获取物体的信息，指的是（　　）。
   A. 可靠传递　B. 全面感知　C. 智能处理　D. 互联网
6. 下列不属于物联网的特点的是（　　）。
   A. 全面感知　B. 可靠传输　C. 智能处理　D. 安全保障
7. 物联网典型的行业应用领域不包括（　　）。
   A. 智能农业　B. 智能交通　C. 智能手机　D. 智能医疗
8. RFID 系统是基于（　　）进行通信的。
   A. 射频信号　B. 超声波　C. 电信号　D. 光

9. “智慧地球”的概念最早是由（　　）提出的。

A. 美国　　B. 日本　　C. 德国　　D. 中国

10. 温湿度传感器属于（　　）。

A. 传输设备　　B. 执行器　　C. 控制器　　D. 感知设备

11. 物联网中常提到的“M2M”概念不包括（　　）。

A. 人到人（Man to Man）　　B. 人到机器（Man to Machine）

C. 机器到人（Machine to Man）　　D. 机器到机器（Machine to Machine）

12. 下列不属于传感器的组成元件的是（　　）。

A. 敏感元件　　B. 转换元件

C. 信号调节与转换电路　　D. 电阻电路

13. 物联网的核心是（　　）。

A. 应用　　B. 技术　　C. 标准　　D. 产业

14. 下列不属于移动通信范畴的是（　　）。

A. 以太网　　B. NB-IoT　　C. WiFi　　D. 蓝牙

15. 传感器通常由（　　）、转换元件、信号调节与转换电路构成。

A. 测量元件　　B. 敏感元件　　C. 感知元件　　D. 探头

16. 物联网有 4 个关键性的技术，（　　）能够接收物品“讲话”的内容。

A. 电子标签技术　　B. 传感技术　　C. 智能技术　　D. 纳米技术

17. 无线传感器网络的组成包括（　　）。

A. 无线传感器节点　　B. 汇聚节点

C. 管理节点　　D. 以上都是

18. 下列不属于物联网体系架构的是（　　）。

A. 感知层　　B. 网络层　　C. 物理层　　D. 应用层

19. 物联网的关键技术包括（　　）。

A. 自动识别技术　　B. 传感技术　　C. 数据处理技术　　D. 以上都是

20. ITU 的研究报告 *The Internet of Things* 发表于（　　）。

A. 1995 年　　B. 2000 年　　C. 2005 年　　D. 2010 年

21. 下列关于“智慧地球”特点的描述中，错误的是（　　）。

A. 将传感器嵌入和装备到电网、铁路、桥梁、隧道等各种物体中

B. 通过超级计算机和云计算组成物联网

C. 捕捉运行过程中的各种信息

D. 以物联网取代互联网

22. 下列关于无源 RFID 标签特点的描述中，错误的是（　　）。

A. 体积小、重量轻　　B. 价格低、使用寿命长

C. 距离短、存储量较小　　D. 抗电磁场干扰能力强

23. 下列不属于智能硬件的是（　　）。

A. 智能车载设备　　B. 智能穿戴设备

C. 智能服务机器人　　D. 智能物流管理系统

三、多项选择题

1. 关于物联网的表述，下列说法正确的是（　　）。

A. 物联网是可以把各种物品与计算机网络互连起来以实现智能化识别、定位、跟踪、监控和管理的一种网络

B. 物联网可以实现物理空间与信息空间的融合

C. 物联网必须通过各类信息感知设备进行数据采集

D. 物联网被认为是继蒸汽机、电力之后的第三次工业革命

2. 物联网的体系结构中一般包括（　　）。

A. 应用层　　B. 感知层　　C. 传输层　　D. 安全层

3. 关于身份感知技术，下列表述正确的是（　　）。

A. RFID 是一种非接触式自动识别技术

B. RFID 读写器和标签都需要配备电源才能工作

C. QR Code 是矩阵式二维码

D. 条形码、二维码和 RFID 都可以用于标识物品

4. 物联网感知层的关键技术包括（　　）。

A. 射频识别技术　B. 云计算技术　　C. 传感器技术　　D. 条形码技术

5. 物联网与人的神经网络相似，通过各种信息传感设备，把物品与互联网连接起来，进行信息交换和通信，（　　）是物联网的信息传感设备。

A. RFID 芯片　　B. 红外感应器　　C. 全球定位系统　D. 激光扫描器

6. 物联网是把（　　）融为一体，实现以全面感知、可靠传送、智能处理为特征的、连接物理世界的网络。

A. 传感器及 RFID 等感知技术　　B. 通信网技术

C. 互联网技术　　D. 智能运算技术

四、简答题

1. 简述 M2M 技术的定义。
2. ZigBee 规范与 IEEE 802.15.4 标准有什么联系？
3. 简述车联网的通信架构组成。
4. 物联网常用的无线接入技术有哪些？
5. 智能手机配置的传感器包括哪些？
6. RFID 系统由哪几部分组成？各部分的主要功能是什么？
7. 简述 RFID 的基本功能。
8. 简述物联网的三层结构模型。
9. 谈谈自己对物联网与 5G、云计算、大数据、人工智能之间关系的认识（不少于 200 字）。
10. 结合自己的切身体会，找出一个在物联网应用中涉及个人隐私的问题，并提出相应的解决方法。
11. 物联网主要应用在哪些领域？

第 8 章　大数据习题

一、名词解释

1. 大数据
2. 数据科学
3. 数据工程
4. 大数据技术
5. 数据清洗
6. 数据集成
7. 数据转换
8. 数据归约
9. 数据中心
10. 数据分析
11. 描述性统计分析
12. 探索性数据分析
13. 验证性数据分析
14. 知识发现

二、单项选择题

1. 下列不属于大数据的“4V”特性的是（　　）。

   A. 数据量大　　B. 数据类型繁多　C. 处理速度快　　D. 价值密度高

2. 下列关于大数据、云计算和物联网的描述错误的是（　　）。

   A. 大数据侧重于对海量数据的存储、处理与分析，从海量数据中发现价值，服务于生产和生活

   B. 云计算本质上旨在整合和优化各种 IT 资源，并通过网络，以服务的方式，廉价地提供给用户

   C. 云计算旨在从海量数据中发现价值，服务于生产和生活

   D. 物联网的发展目标是实现物物相连，应用创新是物联网发展的核心

3. 下列不属于大数据在城市管理中的应用的是（　　）。

   A. 智能交通　　B. 环保监测　　C. 城市规划　　D. 比赛预测

4. 以下不属于传统的数据存储和管理技术的是（　　）。

   A. NoSQL 数据库　B. 文件系统　　C. 关系数据库　　D. 数据仓库

5. 下列关于 Hadoop 的描述错误的是（　　）。

A. Hadoop 是一个能够对大量数据进行分布式处理的软件框架
B. 作为并行分布式计算平台，Hadoop 采用分布式存储和分布式处理两大核心技术，能够高效地处理 PB 级数据
C. Hadoop 只支持 Java 编程语言
D. Hadoop 可以高效稳定地运行在廉价的计算机集群上，可以扩展到数以千计的计算机节点上

6. 下列不属于 Hadoop 生态系统的组件的是（　　）。
A. HDFS　B. SQL Server　C. MapReduce　D. HBase

7. 下列组件中，负责分布式资源调度与管理的是（　　）。
A. YARN　B. Flume　C. Zookeeper　D. Kafka

8. 下列关于 MapReduce 模型的描述，错误的是（　　）。
A. MapReduce 采用“分而治之”策略
B. MapReduce 设计的一个理念是“计算向数据靠拢”
C. MapReduce 框架采用了 Master/Slave 架构
D. MapReduce 应用程序只能用 Java 来编写

9. 下列关于数据可视化的描述，错误的是（　　）。
A. 数据可视化是指将大型数据集中的数据以图像形式表示
B. 利用数据分析和开发工具发现其中未知信息的处理过程
C. 数据可视化技术的基本思想是将数据库中每一个数据项作为单个图元素来表示
D. 将数据的各个属性值以一维数据的形式表示

三、多项选择题

1. 数据的类型主要包括（　　）。
A. 文本　B. 图片　C. 音频　D. 视频

2. 计算机系统中的数据组织形式主要包括（　　）。
A. 文件　B. 视频　C. 音频　D. 数据库

3. 人类社会的数据产生方式大致经历了（　　）。
A. 手工生产阶段　B. 运营式系统阶段
C. 用户原创内容阶段　D. 感知式系统阶段

4. 下列关于大数据、云计算和物联网的描述正确的是（　　）。
A. 从整体上看，大数据、云计算和物联网这三者是相辅相成的
B. 大数据根植于云计算，大数据分析的很多技术都来自云计算
C. 大数据为云计算提供了“用武之地”
D. 物联网需要借助于云计算和大数据技术，实现物联网大数据的存储、分析和处理

5. 下列关于大数据与人工智能的描述正确的是（　　）。
A. 人工智能需要数据来建立其智能，特别是机器学习
B. 人工智能应用的数据越多，其获得的结果就越准确
C. 大数据为人工智能提供了海量的数据，使得人工智能技术有长足的发展

D. 大数据技术为人工智能提供了强大的存储能力和计算能力

6. 下列关于隐私泄露问题的描述正确的是（　　）。

A. 大数据时代下的隐私与传统隐私的最大区别在于隐私的数据化，即隐私主要以“个人数据”的形式出现

B. 用户在使用搜索引擎时，搜索引擎可以精确刻画出该用户的“数字肖像”

C. 通过数据预测，可以预测个体“未来的隐私”

D. “数据痕迹”往往永远无法彻底消除，会被永久保留记录

7. 数据采集的主要数据源包括（　　）。

A. 传感器数据　B. 互联网数据　C. 日志文件　D. 企业业务系统数据

8. 需要清洗的数据的主要类型包括（　　）。

A. 残缺数据　B. 干净数据　C. 错误数据　D. 重复数据

9. 在大数据时代，可视化技术可以支持实现（　　）。

A. 观测、跟踪数据　B. 分析数据

C. 辅助理解数据　D. 增强数据吸引力

四、简答题

1. 大数据的“4V”特征是指什么？
2. 大数据的来源有哪些？
3. 数据的采集方式有哪些？
4. 数据的存储有哪些方式？
5. 常用的描述性统计分析方法有哪些？

第 9 章　人工智能习题

一、名词解释

1. 人工智能
2. 强人工智能
3. 弱人工智能
4. 符号主义
5. 连接主义
6. 行为主义
7. 机器学习
8. 监督学习
9. 无监督学习
10. 深度学习
11. 人工神经网络

二、单项选择题

1. “人工智能”概念的诞生是在（　　）年的达特茅斯会议上。
   A. 1954　B. 1955　C. 1956　D. 1957
2. 人工智能的核心定义是（　　）。
   A. 研究和制造人类的智能
   B. 用机器模拟人类的学习能力和智能特征
   C. 让机器为人类服务
   D. 研究和制造出超越人类的机器
3. 人工智能领域中，为了检验一台机器是否具有智能，需要进行（　　）。
   A. 图灵测试　B. 达特茅斯测试
   C. 麦卡锡测试　D. 明斯基测试
4. 机器学习算法的好坏取决于（　　）。
   A. 人类专家的经验　B. 程序员的编码能力
   C. 样本数据的质量　D. 运气
5. 人工神经网络是人工智能的（　　）流派的基础。
   A. 逻辑主义　B. 符号主义　C. 行为主义　D. 连接主义
6. 专家系统是（　　）流派的主要贡献。
   A. 人本主义　B. 符号主义　C. 行为主义　D. 连接主义

7. 我国著名科学家钱学森对人工智能的贡献，主要在（　　）流派中体现。

A. 专家系统　B. 符号主义　C. 行为主义　D. 连接主义

8. 深度学习与机器学习的关系是（　　）。

A. 深度学习是一种机器学习

B. 机器学习是一种深度学习

C. 深度学习比机器学习效率更高

D. 机器学习在深度学习之后出现

9. 深度学习的缺点是（　　）。

A. 只能处理少量数据

B. 模型的可解释性不高

C. 只能模仿低级生物的神经系统

D. 不能做机器学习能做的事

10. 自动驾驶技术目前在（　　）级别已经成熟。

A. L2　B. L3　C. L4　D. L5

三、多项选择题

1. 人工智能的主要流派包括（　　）。

A. 模仿主义　B. 符号主义　C. 连接主义　D. 行为主义

2. 人工智能发展史上，机器战胜人类的主要游戏有（　　）。

A. 中国象棋　B. 国际象棋　C. 围棋　D. 麻将

3. 下列关于机器学习的描述，正确的是（　　）。

A. 机器学习从历史数据获得经验来改善算法的预测能力

B. 机器学习由人类专家给出模型，并由软件工程师写成代码

C. 机器学习的核心是数据

D. 机器学习的样本数据都是由计算机随机生成的

4. 机器学习的主要类别包括（　　）。

A. 监督学习　B. 无监督学习　C. 强化学习　D. 弱化学习

5. 下列关于监督学习的描述，正确的是（　　）。

A. 监督学习使用的训练数据需要具有标签

B. 监督学习使用的训练数据也可以没有标签

C. 监督学习的常见类别包括回归、分类和聚类

D. 监督学习主要用于预测未知数据

6. 下列属于典型的分类问题的是（　　）。

A. 预测学生期末考试是否及格

B. 在金融业中检测信用卡欺诈

C. 分析大众点评上的用户评论是否为好评

D. 预测孩子成年后能否超过父母的平均身高

7. 人工神经网络主要由（　　）构成。
A. 输入层　　B. 隐藏层　　C. 显示层　　D. 输出层
8. 人工智能的基础层主要由（　　）构成。
A. 数据　　B. 算力　　C. 算法　　D. 框架
9. 下列人工智能应用中，大量使用了图像识别技术的有（　　）。
A. 自动驾驶　　B. 人脸识别　　C. 机器翻译　　D. 医疗影像判读
10. 使用人工智能算法的内容生成包括（　　）。
A. 文本生成　　B. 图像生成　　C. 风格迁移　　D. 情感识别

四、简答题

1. 人工智能的发展是一帆风顺的吗？经历了哪些变化？
2. 机器学习算法与传统程序算法有哪些不同？
3. 简述机器学习的三大基本类别及其区别。
4. 你身边有哪些人工智能的应用？它们使用了哪些数据？属于哪种机器学习类型？

第 10 章 区块链技术习题

一、名词解释

1. 区块链
2. 数字货币
3. P2P 网络技术
4. 非对称加密算法
5. 分布式账本
6. 共识机制
7. 智能合约
8. 去中心化
9. 工作量证明（PoW）
10. 权益证明（PoS）
11. 公开链
12. 联盟链
13. 私有链
14. 数字签名
15. 公钥
16. 私钥

二、单项选择题

1. 区块链挖矿是（　　）。
   A. 计算和获取虚拟币的过程　　B. 探索宇宙
   C. 挖煤矿　　D. 挖金矿
2. 下列关于货币的描述，错误的是（　　）。
   A. 货币主要用于流通买卖
   B. 货币的形态经历了很多阶段
   C. 货币就是指我们所用的纸币
   D. 纸币能提供匿名性，但还是有缺陷的
3. 我们所需要的数字货币解决了（　　）难题。
   A. 判别货币真伪　　B. 双方货币的交易
   C. 避免双重支付　　D. 以上都是
4. 比特币是一个（　　）网络系统。

A. 互联网　　B. 分布式的点对点
C. 有中央服务器　　D. 多对多

5. 比特币采用（　　）共识机制。

A. PoW　　B. PoS　　C. DPoS　　D. DAG

6. 目前在我国比特币交易是（　　）。

A. 可自由交易
B. 明令禁止
C. 通过第三方机构进行交易
D. 私底下可以交易

7. 关于区块链在数据共享方面的特点，下列描述不正确的是（　　）。

A. 不可篡改　　B. 去中心化　　C. 可访问控制　　D. 透明

8. 下列不属于新一代信息技术的是（　　）。

A. 信息安全　　B. 区块链　　C. 云计算　　D. 大数据

9. 下列不属于区块链技术的是（　　）。

A. 共识机制　　B. 智能合约
C. 分布式账本　　D. 大数据爬虫

10. 关于区块链技术，描述错误的是（　　）。

A. 区块链的主要作用是存储信息，任何需要保存的信息，都可以写入区块链，也可以从里面读取，因此它是数据库
B. 任何人都可以架设服务器，加入区块链网络，成为一个节点
C. 区块链技术不支持一组特定的参与方共享数据，因为这样不能提高数据安全性
D. 在区块链系统中，未经法定人数许可，数据将无法更改，这一特点有助于防范欺诈和数据篡改

11. 区块链的本质是（　　）。

A. 存储信息
B. 共享数据
C. 自带信任化和防止篡改的分布式记录系统
D. 数字货币交易的基础

12. 下列关于区块链的交易过程描述错误的是（　　）。

A. 客户端发起一项交易后，会广播到网络中并等待确认，网络中的节点会将一些等待确认的交易记录打包在一起，组成一个候选区块
B. 候选区块利用哈希（Hash）算法，一旦算出来正确答案，这个区块在格式上就合法了，就可以进行全网广播
C. 基于算力的共识机制被称为权益证明
D. 从技术角度讲，区块链涉及的领域比较繁杂，包括分布式、存储、密码学、心理学、经济学、博弈论、网络协议等

13. 下列关于区块链的特性描述错误的是（　　）。

A. 不可伪造　　B. 不可篡改
C. 不可虚构　　D. 不可记录

14. 下列不属于区块链的分类的是（　　）。

A. 公开链　　B. 公共链　　C. 私有链　　D. 联盟链

15. 下列关于 P2P 网络技术，描述错误的是（　　）。

A. 是区块链系统连接各对等节点的组网技术

B. 是构成区块链技术架构的核心技术之一

C. 在比特币出现之前，P2P 网络计算技术未被发掘应用

D. 不同于中心化网络模式，P2P 网络中各节点的计算机地位平等，每个节点有相同的网络权力，不存在中心化的服务器

16. 下列是非对称加密算法的是（　　）。

A. MD5　　B. DES　　C. IDEA　　D. RSA

17. 下列关于加密算法在区块链中的应用，说法错误的是（　　）。

A. 比特币中的公钥和私钥、比特币地址的生成是由对称加密算法来保证的

B. 确保信息的安全性，由信息发送者 A 使用接受者 B 的公钥对信息加密后，再发送给 B，B 利用自己的私钥对信息解密

C. 客户端使用私钥加密登录信息后，发送给服务器，后者接收后采用该客户端的公钥解密并认证登录信息

D. 对称加密双方使用相同的密钥，如果一方的密钥遭泄露，那么整个通信就会被破解

18. 下列关于分布式账本，描述错误的是（　　）。

A. 分布式账本是一种数据库类型，可在分散网络的成员之间共享、复制和同步

B. 记账操作是由实体人来完成的

C. 分布式记账与传统记账最大的区别就在于记账的人数。分布式记账人数相比之下可高达数倍的增长，整个系统中所有参与的用户都能看到这个记账过程，而用户与用户之间是毫无关系的，这样一来，从数据的安全性来说，就安全得多

D. 分布式记账的过程，完全公开透明化，没有一点造假的机会

19. 下列关于分布式账本作用，描述正确的是（　　）。

A. 分布式账本中数据记录必须设计到中央机构或者第三方机构

B. 分布式账本中并不是每个记录都有一个时间戳和唯一的加密签名

C. 分布式账本记录一定量的二进制数据，可以保存大量的数据

D. 分布式记账通过权益证明来激励用户参与系统记账

20. 下列关于共识机制，描述错误的是（　　）。

A. 共识机制是所有区块链和分布式账本应用的基础

B. 所谓共识是指多方参与的节点在预设规则下，通过多个节点交互对某些数据、行为或流程达成一致的过程

C. 第二代区块链，以太坊前三阶段均采用 PoS 共识机制，从第四阶段开始，以太坊将采用 PoW 共识机制

D. 迄今为止，没有任何一种共识机制完美地解决了所有问题，每个共识机制都存在各自的短板

21. 智能合约的首次提出是在（　　）年。

A. 1991　　B. 1992　　C. 1993　　D. 1994

22. 下列关于智能合约，描述错误的是（　　）。
   A. 是在区块链数据库上运行的计算机程序，可以当满足其源代码中写入的条件时自行执行
   B. 智能合约一旦编写好就可以被用户信赖，部署完毕就无法更改，即使是代码编写者也不行
   C. 智能合约系统根据事件描述信息中包含的触发条件，当触发条件满足时，从智能合约自动发出预设的数据资源，以及包括触发条件的事件
   D. 智能合约编好之后无任何风险
23. 下列关于区块链应用，描述错误的是（　　）。
   A. 在支付领域，区块链技术的应用有助于降低金融机构间的对账成本及争议解决的成本，从而显著提高支付业务的处理速度及效率，这一点在跨境支付领域的作用尤其显著
   B. 各类资产，如股权、债券、票据、收益凭证、仓单等均可被整合进区块链中，成为链上数字资产，使得资产所有者无须通过各种中介机构就能直接发起交易
   C. 区块链技术的核心特质是能以准实时的方式，在必须第三方参与的情况下实现价值转移
   D. 区块链技术可实现数字化身份信息的安全、可靠管理，在保证客户隐私的前提下提升客户识别的效率并降低成本
24. 在金融领域，我们主要利用区块链的（　　）特性来解决对账、清算等传统问题。
   A. 数据不可篡改和可追溯特性　　B. 去中心化
   C. 数据可共享性　　D. 智能合约
25. 关于区块链的节点加入或者撤离，说法正确的是（　　）。
   A. 不可以　　B. 只能加入
   C. 只能撤离　　D. 可以加入也可以撤离
26. 比特币的地址是由（　　）生成的。
   A. 非对称加密算法　　B. 验证算法
   C. 哈希算法　　D. 共识算法
27. 基于区块链的隐私平台，将个人数据存储在（　　）上。
   A. Cookie　　B. 分布式账本
   C. 网盘　　D. 个人计算机

三、多项选择题

1. 货币经历的形态包括（　　）。
   A. 实物货币　　B. 金属货币　　C. 电子货币　　D. 数字货币
2. 传统的纸币或者信用卡存在的风险包括（　　）。
   A. 伪造　　B. 盗刷　　C. 信用卡诈骗　　D. 取款
3. 我们需要一个不存在第三方机构且可以交易的数据货币，此货币主要为了解决（　　）问题。

A. 判定货币的真伪　　B. 确认交易双方身份
C. 双方货币的交易　　D. 避免其他货币类型带来的双重支付

4. 区块链的交易过程包括（　　）。
A. 交易　B. 区块　C. 链　D. 货币

5. 区块链的特性包括（　　）。
A. 不可伪造　B. 不可虚构　C. 不可交易　D. 不可篡改

6. 区块链的分类包括（　　）。
A. 公共链　B. 公开链　C. 私有链　D. 联盟链

7. 下列关于区块链，描述正确的是（　　）。
A. 它本质是自带信任化和防止篡改的分布式记录系统
B. 任何人都可以架设服务器，加入区块链网络，成为一个节点
C. 区块链账本可以共享，但不能更改，如果有一方尝试更改数据，区块链所有参与方都将收到警报，知晓哪一方试图更改数据
D. 区块链是分布式数据存储、点对点传输、共识机制、加密算法等计算机技术在互联网时代的创新应用模式

8. P2P 网络计算技术被广泛用于开发各种应用，例如（　　）。
A. 即时通信软件　B. 文件共享　C. 支付系统　D. O2O 商城

9. 下列属于非对称加密算法的是（　　）。
A. RSA　B. MD5　C. DES　D. ECC

10. 下列属于非对称加密算法应用场景的是（　　）。
A. 买卖商品　B. 信息加密　C. 数字签名　D. 登录认证

11. 关于分布式账本的特点，下列说法正确的是（　　）。
A. 可以记录一定量的二进制数据，至于是音频还是文本、视频，都没有区别，并且可以保存量级数据
B. 参与者通过使用公私钥以及签名去控制账本的访问权
C. 解决了传统账本的弊端，以及第三方记账存在的行业漏洞
D. 是一种数据库类型，可在分散网络的成员之间共享、复制和同步

12. 关于使用分布式账本，下列说法正确的是（　　）。
A. 分布式记账与传统记账最大的区别就在于记账的人数，分布式记账人数相比之下可高达数倍的增长，整个系统中所有参与的用户都能看到这个记账过程，而用户与用户之间是毫无关系的，这样一来，从数据的安全性来说，就安全得多
B. 分布式记账是与整个系统生态紧密相关的，它并不像传统记账领域中，由单一的部门来完成这个工作，它的运作方式由某个中心单独记账
C. 分布式记账通过权益证明来激励用户参与系统记账
D. 分布式记账的过程，完全公开透明化，没有一点造假的机会

13. 共识机制要解决的问题是（　　）。
A. 如何吸引用户加入网络成为节点，有哪些激励机制
B. 如何决定哪个节点写入、何时写入，一旦写入又怎么保证不被其他节点更改
C. 如何完成交易，如何协同所有参与者记账

D. 如何打造公开透明的社区生态

14. 关于共识机制，下列描述正确的是（　　）。

A. 共识机制是指定义共识过程的算法、协议和规则

B. 区块链的共识机制具备“少数服从多数”以及“人人平等”的特点，其中“少数服从多数”并不完全指节点个数，也可以是计算能力、股权数或者其他的计算机可以比较的特征量

C. 所谓共识，是指多方参与的节点在预设规则下，通过多个节点交互对某些数据、行为或流程达成一致的过程

D. 共识机制是所有区块链和分布式账本应用的基础

15. 常见的共识机制有（　　）。

A. PoW　　B. PoS　　C. DPoS　　D. PoA

16. 关于智能合约，下列描述正确的是（　　）。

A. 智能合约一旦编写好就可以被用户信赖，部署完毕就无法更改，即使是代码编写者也不行

B. 当满足一定条件时间后（如合约到期、违约等），合约自动执行，中间无须第三方参与

C. 智能合约一旦部署是可以更改的，这样可以提高智能合约的安全性

D. 智能合约即使经过严格安全审计，程序依然可能有不易觉察的 bug

17. 关于智能合约，其执行步骤包括（　　）。

A. 多方用户共同参与制定一份智能合约

B. 合约通过 P2P 网络扩散并存入区块链

C. 区块链构建的智能合约自动执行

D. 修改智能合约 bug

18. 区块链的应用场景包括（　　）。

A. 金融　　B. 物流　　C. 密码学　　D. 心理学

19. 区块链在物流领域的应用，主要使用的技术包括（　　）。

A. 利用数字签名和公私钥加解密机制

B. 利用共识机制“少数服从多数”

C. 利用区块链智能合约自动执行

D. 利用区块链不可篡改、数据可完整追溯以及时间戳功能

20. 使用区块链技术的主要好处包括（　　）。

A. 增加安全性　　B. 可追溯性　　C. 交易不透明　　D. 欺诈控制

21. 关于区块链在物流领域的应用，下列描述正确的是（　　）。

A. 区块链技术能使得数据在交易各方之间公开透明，从而在整个供应链条上形成一个完整且流畅的信息流

B. 区块链所具有的数据不可篡改和时间戳的存在性证明的特质，能很好地运用于解决供应链体系内各参与主体之间的纠纷，实现轻松举证与追责

C. 数据不可篡改与交易可追溯两大特性相结合，可根除供应链内产品流转过程中的假冒伪劣问题

D. 物流过程中，利用数字签名和公私钥加解密机制，可以充分保证信息安全以及寄件人、收件人的隐私

四、简答题

1. 简述货币发展形态及数字货币的产生。
2. 我们所需要的去中心化的数字货币主要解决了哪些难题?
3. 简要描述区块链的本质。
4. 简要描述区块链的特点。
5. 列举非对称加密的应用场景。
6. 传统记账存在哪些弊端?
7. 为什么要使用分布式账本?
8. 简述共识机制的定义。
9. 简述区块链智能合约及其构建执行步骤。
10. 列举区块链的典型应用。

第 11 章 数字媒体与虚拟现实习题

一、名词解释

1. 媒体
2. 数字媒体
3. 虚拟现实
4. 增强现实
5. 自媒体
6. 感觉媒体
7. 表示媒体
8. 表现媒体
9. 存储媒体
10. 传输媒体

二、填空题

1. 媒体作为信息的载体，包括文字、声音、__________、__________等。

2. 新媒体包括__________和移动网络。

3. 根据 ITU 推出的 ITU-TI.374 建议的定义，可以将媒体划分为：感觉媒体、表示媒体、表现媒体、__________、__________。

4. __________又称虚拟环境、灵境或人工环境，是指利用计算机生成一种可对参与者直接施加视觉、听觉和触觉感受，并允许其交互地观察和操作的虚拟世界的技术。

5. __________是一种实时地计算摄影机影像的位置及角度并加上相应图像、视频、3D 模型的技术。

6. __________就是指普通大众通过网络等途径向外发布他们本身的事实和新闻的传播方式。

7. __________是指能够直接作用于人的感觉器官，使人产生直接感觉（如视、听、嗅、味、触觉等）的媒体，如语言、音乐、各种图像、图形、动画、文本等。

8. __________是指为了传输感觉媒体而人为研究出来的媒体，借助于此种媒体，用户能有效地存储感觉媒体或将感觉媒体从一个地方传送到另一个地方，如语言编码、电报码、条形码等。

9. __________是指用于通信中使电信号和感觉媒体之间产生转换用的媒体，如输入、输出设备，包括键盘、鼠标器、显示器、打印机等。

10. __________是指用于存放表示媒体的媒体，如纸张、磁带、磁盘、光盘等。

11. ___________是指用于传输某种媒体的物理媒体，如双绞线、电缆、光纤等。

12. 虚拟现实技术主要具有的特征有：___________、___________、___________、___________。

13. AR 的三大技术要点是___________、___________、___________。

14. 虚拟现实的关键技术主要包括：___________、___________、立体显示和传感器技术、应用系统开发工具、系统集成技术。

15. 数字媒体就是以“数字”形式来表示的媒体，而该“数字”的最小单元是可由计算机进行各种形式处理的信息基本单元 bit，即___________或___________。

16. VR 系统的基本特征是三个“I”：___________、___________和___________。

17. 三维图形的生成技术已经较为成熟，那么关键就是“实时”生成。为保证实时，至少保证图形的刷新频率不低于___________帧/秒。

18. AR 实现首先要通过___________和传感器将真实场景进行数据采集，并传入处理器对其进行分析和重构。

19. 从本质上说，___________就是一种先进的计算机用户接口，它通过给用户提供视、听等直观而又自然的实时感知，最大限度地方便用户操作，从而减轻用户的负担，提高整个系统的工作效率。

20. 虚拟现实可以应用在___________、___________、___________、___________等领域。

21. 虚拟现实技术能将___________的事物清楚地表达出来，能使学习者直接、自然地与虚拟环境中的各种对象进行交互。

22. 虚拟现实的最新成果往往被率先应用于___________。

23. ___________是指在屏幕上把虚拟世界套在现实世界并进行互动。

24. 在 VR 系统中的起主导作用的是___________。

25. ___________也称窗口中的 VR。

三、单项选择题

1. 下列不属于传统媒体的是（　　）。

   A. 报纸　　B. 移动网络　　C. 杂志　　D. 电视

2. 下列不属于信息载体的是（　　）。

   A. 文字　　B. 声音　　C. 液体　　D. 图像

3. 北京召开了冬奥会，各大媒体争相报道。这里的“媒体”不包括（　　）。

   A. 图像　　B. 电视台　　C. 报纸　　D. 新闻网站

4. 根据 ITU 推出的 ITU-TI.374 建议的定义，媒体的分类不包括（　　）。

   A. 感觉媒体　　B. 表现媒体　　C. 传输媒体　　D. 网络媒体

5. 媒体的英文是（　　）。

   A. video　　B. audio　　C. media　　D. madia

6. 感觉媒体不包括（　　）。

   A. 键盘　　B. 照片　　C. 电影　　D. 音乐

7. 表示媒体不包括（　　）。

A. 语言编码　B. 电报码　C. 二维码　D. 网络

8. 表现媒体不包括（　　）。

A. 键盘　B. 鼠标　C. 显示器　D. 路由器

9. 存储媒体不包括（　　）。

A. U 盘　B. 光盘　C. 显示器　D. 硬盘

10. 传输媒体不包括（　　）。

A. 磁盘　B. 光纤　C. 双绞线　D. 电缆

11. 普通大众通过网络等途径向外发布他们本身的事实和新闻的传播方式叫作（　　）

A. 传播媒体　B. 表现媒体　C. 自媒体　D. 存储媒体

12. 媒体的特点不包括（　　）。

A. 传播范围广　B. 传播速度慢　C. 受众感强　D. 综合多学科

13. 从本质来看，数字媒体的“数字”是指（　　）。

A. byte　B. bite　C. big　D. bit

14. 虚拟现实的英文简称为（　　）。

A. AR　B. VR　C. CR　D. DR

15. VR 系统的基本特征不包括（　　）。

A. 体感　B. 交互　C. 想象　D. 沉浸

16. 虚拟现实的特征不包括（　　）。

A. 成本高　B. 交互性　C. 自主性　D. 沉浸感

17. 虚拟现实的关键技术不包括（　　）。

A. 动态环境建模技术　B. 实时三维图形生成技术

C. 动画应用技术　D. 立体显示和传感器技术

18. 增强现实的英文简称为（　　）。

A. BR　B. AR　C. AE　D. PS

19. 增强现实的特征不包括（　　）。

A. 虚实结合　B. 在三维尺度空间中增添定位虚拟物体

C. 传感速度快　D. 实时交互

20. AR 的三大技术要点不包括（　　）。

A. 三维建模　B. 人机交互

C. 跟踪注册技术　D. 虚拟现实融合显示

21. （　　）是 AR 技术的核心，即以现实场景中二维或三维物体为标识物，将虚拟信息与现实场景信息进行对位匹配。

A. 三维注册　B. 三维建模

C. 跟踪注册技术　D. 虚拟现实融合显示

22. 目前，AR 应用的主要载体为（　　）。

A. 家用智能移动设备　B. 固定式智能移动设备

C. 手持智能移动设备　D. 车载智能移动设备

23. 目前，AR 通常是以透过式（　　）和注册系统相结合的形式来实现。

A. 桌面显示系统　　B. 移动显示系统
C. 车载显示系统　　D. 头盔显示系统

24. 数字媒体的英文是（　　）。
A. Media Digital　　B. Digital Media
C. Mellow Digital　　D. Digital Mellow

25. 随着高新技术的迅猛发展和（　　）信息时代的不断进步，数字媒体行业作为一个大的新兴的前景行业，已经给社会提出了新的要求。
A. 数字化　　B. 娱乐化　　C. 产业化　　D. 互动化

26. 虚拟现实的（　　）是指虚拟现实除了具有视觉感知外，还包括听觉感知等。
A. 沉浸感　　B. 交互性　　C. 多感知性　　D. 自主性

27. 虚拟现实的（　　）是指虚拟环境中物体依据物理定律进行动作的程度。
A. 多感知性　　B. 沉浸感　　C. 交互性　　D. 自主性

28. 数字媒体就是以（　　）形式来表示的媒体。
A. 动画　　B. 交互　　C. 图像　　D. 数字

29. （　　）是各种传播方式中最现代化的一种。
A. 媒体　　B. 报纸　　C. 电视　　D. 网络

30. 互联网媒体内容（　　），形式（　　）。
A. 丰富、多样　　B. 缺乏、多样　　C. 丰富、单一　　D. 缺乏、单一

31. 新媒体受众参与感强，互动性强，尤其以（　　）为代表。
A. 手机　　B. 报纸　　C. 电视　　D. 视频弹幕

32. 数字媒体通过计算机进行加工处理，以（　　）的形式记录信息。
A. 二进制　　B. 八进制　　C. 十进制　　D. 十六进制

33. 数字媒体是有关（　　）的技术。
A. 动画　　B. 图像　　C. 数字媒体　　D. 视频

34. 数字媒体的信息载体，不包括数字化的（　　）。
A. 动画　　B. 图像　　C. 交互　　D. 音频

35. 控制信息传播的媒体机构不包括（　　）。
A. 新闻　　B. 广播　　C. 图像编辑　　D. 电视运营机构

36. 表示媒体能有效地存储感觉媒体或将感觉媒体从一个地方传送到另一个地方，它包括（　　）。
A. 语言编码　　B. 文字　　C. 视频　　D. 图像

37. 数字媒体可以使抽象的信息或创意变成（　　）的数字内容作品。
A. 不可感知，但是可管理和可交互　　B. 可感知、可管理和可交互
C. 不可感知、不可管理，但是可交互　　D. 可感知，但是不可管理

38. 近年来常见的直播带货，说明数字媒体（　　）。
A. 受众有钱人多　　B. 受众多，传播速度快
C. 受众比较容易被吸引　　D. 受众单一，传播速度慢

39. 早在1990年，钱学森给VR起名为（　　）。
A. 灵境　　B. 灵空　　C. 灵媒　　D. 虚拟现实

40. 在虚拟现实中，人能（　　）沉浸到虚拟环境中去。
A. 被动　B. 主动地　C. 被外人引导地　D. 懵懂地

四、多项选择题

1. 媒体作为信息的载体，包括（　　）。
A. 文字　B. 声音　C. 图形　D. 图像
E. 视频
2. 传统媒体包括（　　）。
A. 报纸　B. 杂志　C. 广播　D. 互联网
E. 电视
3. 新媒体包括（　　）。
A. 互联网媒体　B. 杂志　C. 广播　D. 移动网络媒体
E. 电视
4. 根据 ITU 推出的 ITU-TI.374 建议的定义，媒体可划分为（　　）。
A. 感觉媒体　B. 表示媒体　C. 表现媒体　D. 存储媒体
E. 传输媒体
5. 目前我国的自媒体平台包括（　　）。
A. 微博　B. 抖音　C. 中央电视台　D. 微信公众号
E. 某卫视
6. 媒体的特点是（　　）。
A. 信息量较少　B. 形式多样　C. 传播速度快　D. 信息保存长久
E. 内容丰富
7. 数字媒体技术以（　　）技术为支撑。
A. 绘画　B. 拍摄　C. 多媒体　D. 计算机图像图形
E. 网络
8. VR 系统的基本特征包括（　　）。
A. 网络　B. 沉浸　C. 图像　D. 交互
E. 想象
9. 虚拟现实系统按其功能大体可分为（　　）。
A. 桌面虚拟现实系统　B. 沉浸式虚拟现实系统
C. 分布式虚拟现实系统　D. 网络交互系统
E. 增强现实系统
10. 虚拟现实的特征包括（　　）。
A. 参与性　B. 多感知性　C. 沉浸感　D. 交互性
E. 自主性
11. 增强现实的特征包括（　　）。
A. 多人参与　B. 虚实结合　C. 网络互通　D. 实时交互
E. 在三维尺度空间中增添定位虚拟物体

12. AR 的三大技术要点是（　　）。

A. 三维注册　B. 网络互通　C. 语音传输　D. 虚拟现实融合显示

E. 人机交互

五、简答题

1. 媒体有哪些分类？
2. 数字媒体是什么？
3. 虚拟现实的特征有哪些？
4. 虚拟现实的关键技术有哪些？
5. 虚拟现实的交互性是指什么？
6. 增强现实的工作原理是什么？
7. 增强现实的应用领域有哪些？
8. 增强现实的虚实结合是指什么？
9. 增强现实的特征有哪些？

第 12 章 量子信息技术习题

一、名词解释

1. 量子
2. 不确定原理
3. 量子比特
4. 量子纠缠
5. 退相干时间
6. 通用型量子计算机
7. 专用型量子计算机
8. 基于制备—测量的 QKD 协议
9. 基于纠缠的 QKD 协议
10. 量子隐形传态

二、填空题

1. 光波、电磁波等都是以最小的能量单元，离散地向外界辐射能量，这个最小的能量单元是__________。

2. 量子技术主要的两个应用领域为__________和__________。

3. 对于电磁波，通常是一份份的能量向外辐射，若频率为 v，则向外辐射的电磁能量为__________。

4. 量子通信是量子论和__________相结合的产物，是通信和信息领域研究的最前沿。

5. 量子计算是量子论的重要分支，它利用量子的特性进行信息的__________和处理。

6. 光电效应指的是：当用光照射某种材料时，只有当__________高于某个阈值时，才能形成电流，与光强度无关。

7. 德布罗意认为电子也具有波粒二象性，也就是说，电子本身也是一种波，即__________。

8. 海森伯不确定原理是指不能同时测得坐标和__________的值。

9. 薛定谔创造性地提出了波函数的概念，认为所有的粒子都是以__________状态存在的。

10. 1932 年，美国物理学家安德森实验发现了正电子，这也是电子__________。

11. 量子力学的发展沿着“自上而下”的粒子物理、“自下而上”的凝聚态物理和__________两条路径展开。

12. 在量子信息学中，信息的最小单元叫作量子比特，一个量子比特就是 0 和 1 的__________。

13. 量子计算是利用量子__________来实现的。

14. 如果一个 10 比特（bit）的数，经典计算每次运算只能处理一个数，但是量子计算可以处理一个 10 量子比特的叠加态，这就意味着量子计算每一次运算最多可处理__________个数。

15. 两个纠缠的粒子无论相距多远，测量一个粒子的状态必然能__________另一个粒子的状态。

16. 在一根光纤中，可以有不同频率的激光同时传播，互相不影响，因此__________远大于电缆。

17. 有两个重要的指标决定着量子计算机的成功：一个是量子退相干时间，另一个是__________。

18. Google 公司在 2019 年实现了__________比特的“量子优越性”。

19. 中国科学技术大学潘建伟团队成功构建__________个光子的量子计算原型机“九章”。

20. “京沪干线”是国际上__________全通量子通信网络。

三、单项选择题

1. 电磁波向外辐射能量，其方式是（　　）。
   A. 连续的方式向外辐射能量
   B. 以最小单元离散地向外辐射能量
   C. 不能确定，看测量的方式
   D. 有时以离散的方式，有时以连续的方式向外辐射能量

2. 量子计算机之所以速度快，是因为（　　）。
   A. 量子计算机在真正意义上实现了并行计算
   B. 计算机的主频可以很大程度上提高
   C. 可以简化算法
   D. 可以近似实现并行计算

3. 量子理论的提出背景是（　　）。
   A. 科学家的创新思维　　B. 传统物理学发展的自然延伸
   C. 出现了传统物理学不能解释的现象　　D. 科学家哲学思维的影响

4. 核裂变的发现是源于（　　）。
   A. 自上而下的粒子物理
   B. 自下而上的凝聚态物理和量子光学
   C. 物理学家通过理想科学实验发现的
   D. 在做传统物理学实验时发现的

5. 凝聚态物理实验方面取得的典型成果是（　　）。
   A. 半导体材料　　B. 激光　　C. 核裂变　　D. 中微子

6. 在信息革命中，半导体材料的出现，主要解决（　　）。
   A. 信息传输的问题　　B. 信息计算的问题

C. 信息表征的问题　　D. 信息的理论问题

7. 第三次科技革命是以（　　）形态来表征的。

A. 机械化　　B. 电气化

C. 电子计算机大规模应用　　D. 机械化加电气化

8. 关于量子比特，下列说法正确的是（　　）。

A. 量子比特和传统的“0”“1”比特表示没有本质区别

B. 量子比特是“0”“1”的叠加态，它可同时表示“0”和“1”

C. 量子比特不可测量

D. 不同的量子比特进行测量时，结果都一样

9. 关于量子纠缠，下列说法正确的是（　　）。

A. 量子纠缠受距离限制

B. 一旦纠缠永远纠缠

C. 量子纠缠是指两个粒子无论相距多远，一旦纠缠，则其状态相关

D. 量子纠缠是两个粒子独特特性，与两个粒子的整体性无关

10. 对于量子计算来说，下列说法正确的是（　　）。

A. 退相干时间越短越好　　B. 与退相干时间无关

C. 退相干时间越长越好　　D. 看具体情况而定

11. 对于量子计算的超导方案，具有的特点是（　　）。

A. 退相干时间短，可扩展性很弱　　B. 退相干时间长，可扩展性很强

C. 退相干时间长，可扩展性很弱　　D. 退相干时间短，可扩展性很强

12. 量子保密通信，由于纠缠是超光速的，因此通信速度（　　）。

A. 超过光速　　B. 不能超过光速

C. 看系统是如何设计的　　D. 看器件的选型

13. 量子保密通信的根本原理在于（　　）。

A. 量子保密通信第三方根本无法接收到

B. 量子纠缠可以直接用于信息传递

C. 第三方测量会被通信双方发现

D. 密钥设计算法复杂，第三方无法破译

14. 量子隐形传态传输需要借助传统物理信道的原理是（　　）。

A. 纠缠态两个量子，测量一个粒子状态，无法知道另一个粒子的状态

B. 量子纠缠受距离限制

C. 无法测量纠缠量子的状态

D. 因测量结果的随机性，接收方无法知道发送端采用编码的粒子状态

15. 量子通信主要应用的方面是（　　）。

A. 提高通信传输的容量

B. 提高通信传输的速率

C. 采用量子密钥分发，提高通信的保密性

D. 提高信息的处理速度

四、简答题

1. 什么原因催生了量子理论的诞生？
2. 量子力学发展的两条路径是什么？
3. 凭借什么才能够称得上“量子信息学”？
4. 到目前为止，量子计算有哪几种方案？
5. 到目前为止，量子计算机发展分为哪几个阶段？
6. 量子保密通信是建立在哪 3 个量子基本特征之上的？
7. QKD 协议主要分为哪几类？
8. 量子隐形传态协议分为几步？
9. “墨子号”量子科学实验卫星主要由哪几部分组成？
10. 三次科技革命的物理学基础分别是什么？
11. 简述量子计算的 3 个阶段的基本特征。
12. 简述量子密钥分发（QKD）的基本机制。
13. 简述为什么量子通信不能超过光速。
14. 简述量子力学带来的信息技术成就。
15. 简述世界原子钟的时间标准。
16. 简述我国在量子通信和量子计算方面的主要成就。
17. 简述国际上量子信息技术的研究现状。

第 13 章　信息安全与职业素养习题

一、名词解释

1. 信息安全
2. 机密性
3. 完整性
4. 可用性
5. 信息安全威胁
6. 计算机病毒
7. 网络攻击
8. 可控性
9. 不可否认性

二、单项选择题

1. 下列不属于信息安全 CIA 三要素的是（　　）。
   A. 机密性　B. 完整性　C. 不可否认性　D. 可用性
2. 到目前为止，网民数量第一的国家是（　　）。
   A. 中国　B. 印度　C. 美国　D. 英国
3. 数据加密标准（DES）的密钥有效位数为（　　）。
   A. 64　B. 56　C. 128　D. 256
4. 下列不属于云计算服务类型的是（　　）。
   A. IaaS　B. PaaS　C. SaaS　D. CaaS
5. 下列不属于主动攻击的是（　　）。
   A. 修改它所观察到的在网络上传输的消息
   B. 偷听信道上传输的消息
   C. 重放它之前偷听到的消息
   D. 试图冒充网络上的各种各样的用户
6. 下列不属于数字签名的主要特点的是（　　）。
   A. 不可伪造性　B. 不可抵赖性　C. 可信性　D. 机密性
7. 信息安全的发展目前已进入（　　）阶段。
   A. 计算机安全阶段　B. 信息安全阶段
   C. 信息保障阶段　D. 网络空间安全阶段
8. 下列选项中，（　　）不是信息安全的基本安全威胁。

A. 信息泄露　　B. 设备漏电　　C. 完整性破坏　　D. 非授权使用

9. 信息泄露是指未经授权的实体获取了传递中或存储的信息，破坏了信息的（　　）。

A. 可用性　　B. 机密性　　C. 不可否认性　　D. 完整性

10. （　　）是指阻止合法的网络用户对信息资源的正常使用，妨碍合法用户获取服务或信息传递等。

A. 业务拒绝　　B. 完整性破坏　　C. 非授权使用　　D. 信息泄露

11. （　　）是指资源被非授权的人使用，或者资源被合法用户以非授权的方式使用。

A. 业务拒绝　　B. 完整性破坏　　C. 非授权使用　　D. 信息泄露

12. （　　）是一切软件运行的基础，操作系统自身的不安全性，系统开发设计不周而留下的漏洞，都会给网络安全留下隐患。

A. 操作系统　　B. 应用软件　　C. 网络协议　　D. 数据库

13. （　　）是 IPv6 网络安全协议，可以在网络层有效保护 IP 数据包的安全。

A. IPSec　　B. VPN　　C. SSH　　D. WAF

14. （　　）是指对信息和信息系统实施安全监控管理，保证掌握和控制信息与信息系统的基本情况，可对信息和信息系统的使用实施可靠的授权、审计、责任认定、传播源追踪和监管等控制。

A. 不可否认性　　B. 可用性　　C. 可控性　　D. 完整性

15. （　　）是指信息系统在交互运行中确保并确认信息的来源以及信息发布者的真实可信及不可否认的特性。

A. 不可否认性　　B. 可用性　　C. 可控性　　D. 完整性

16. （　　）是指维护信息的一致性，即保证信息的完整和准确，防止信息被未经授权（非法）的篡改。

A. 不可否认性　　B. 可用性　　C. 可控性　　D. 完整性

17. 计算机安全主要面临着计算机被非授权者使用、存储信息被非法读写、计算机被写入恶意代码等威胁，主要的保障措施是（　　）。

A. 安全软件　　B. 安全硬件　　C. 安全操作系统　　D. 安全计算机

18. Web 防火墙是一种（　　）防火墙，除了具备网络防火墙的所有功能外，还能够对流经数据内容进行过滤，有效阻断对终端的恶意访问与非法操作。

A. 数据链路层　　B. 网络层　　C. 传输层　　D. 应用层

19. （　　）是计算机病毒最重要的特征，也是各类病毒查杀软件判断一段程序代码是否为计算机病毒的一个重要依据。病毒程序一旦侵入计算机系统，就开始搜索可以传染的程序或磁介质，然后通过自我复制迅速进行传播。

A. 潜伏性　　B. 传染性　　C. 可触发性　　D. 隐蔽性

20. 计算机病毒具有依附于其他程序的能力，因此计算机病毒具有寄生能力。用于寄生计算机病毒的程序称为计算机病毒的（　　）。

A. 宿主　　B. 宿源　　C. 宿体　　D. 寄生

21. （　　）感染磁盘的系统区域，即软盘、U 盘和硬盘的引导记录。

A. 文件传染源病毒　　B. 引导扇区病毒

C. 主引导记录病毒　　D. 宏病毒

22. （　　）是目前最常见的病毒类型，它主要感染数据文件。

A. 文件传染源病毒　　B. 引导扇区病毒

C. 主引导记录病毒　　D. 宏病毒

23. Windows 2000/XP 及以上版本的操作系统，默认的系统管理员账户名称是（　　）。

A. Admin　　B. root　　C. Administrator　　D. Guest

24. （　　）是指同人们的职业活动紧密联系的、具有自身职业特征的道德原则和行为规范。

A. 职业道德　　B. 职业素养　　C. 职业操守　　D. 职业规范

25. 《中华人民共和国计算机信息系统安全保护条例》属于（　　）层面的网络安全法规。

A. 法律　　B. 行政法规　　C. 地方性法规　　D. 规章

26. 《中华人民共和国国家安全法》属于（　　）层面的网络安全法规。

A. 法律　　B. 行政法规　　C. 地方性法规　　D. 规章

27. 《广东省计算机信息系统安全保护管理规定实施细则》属于（　　）层面的网络安全法规。

A. 法律　　B. 行政法规　　C. 地方性法规　　D. 规章

28. 《信息安全等级保护管理办法》属于（　　）层面的网络安全法规。

A. 法律　　B. 行政法规　　C. 地方性法规　　D. 规章

29. 世界上制定第一部含有计算机犯罪处罚内容的网络安全法律的国家是（　　）。

A. 美国　　B. 中国　　C. 德国　　D. 瑞典

30. HTTPS 中的“S”代表（　　），表示浏览器和网站之间的通信是加密的。

A. 安全　　B. 加密　　C. 机密　　D. 认证

31. （　　）是通过采取秘密方式篡改合法用户所传送数据的内容，实现非授权入侵的目的。

A. 篡改　　B. 重放　　C. 拒绝服务　　D. 内部攻击

32. （　　）是指中止或干扰服务器为合法用户提供服务或抑制所有流向某一特定目标的数据。

A. 篡改　　B. 重放　　C. 拒绝服务　　D. 内部攻击

33. （　　）是指攻击者首先复制合法用户所发出的数据（或部分数据），然后进行重发，以欺骗接收者，进而达到非授权入侵的目的。

A. 篡改　　B. 重放　　C. 拒绝服务　　D. 内部攻击

34. （　　）是指通过搭线窃听、截获辐射信号、冒充系统管理人员或授权用户、设置旁路躲避鉴别和访问控制机制等各种手段入侵系统。

A. 篡改　　B. 外部攻击　　C. 拒绝服务　　D. 内部攻击

35. （　　）技术以超过 10Gbit/s 的网络传输速度为用户提供更加优质的服务，可满足超高清视觉通信、多媒体交互、移动工业自动化、车辆互联等各种应用需求，已成为公认的解决移动网络支撑的最佳解决方案，同时也是全球移动通信领域的研究热点和技术竞争焦点。

A. 2G　　B. 3G　　C. 4G　　D. 5G

36. （　　）包括由于操作失误、意外损失、编程缺陷、意外丢失、管理不善等行为造成的破坏。

A. 无意破坏　B. 有意破坏　C. 完整性破坏　D. 非授权使用

37. 防火墙配合（　　），可以动态拦截入侵内网行为。

A. 入侵检测系统　B. 上网行为管理　C. 路由器　D. 交换机

38. （　　）同时感染引导记录和程序文件，并且被感染的记录和程序较难修复。

A. 文件传染源病毒　B. 引导扇区病毒

C. 复合型病毒　D. 宏病毒

三、多项选择题

1. Windows Update 包括（　　）方法。

A. 在线更新　B. 离线更新　C. 自动更新　D. 手动更新

2. 对于密码的设置，建议使用“四维空间”规则，“四维空间”包括（　　），即每个账户的密码中应同时包括这几类符号，同时密码的长度应在 8 位以上。

A. 小写字母　B. 大写字母　C. 数字　D. 特殊字符

3. 我国的信息安全法律法规从性质及适用范围上可分为（　　）。

A. 通用性法律法规　B. 惩戒信息犯罪的法律

C. 针对信息网络安全的特别规定　D. 规范信息安全技术及管理方面的规定

4. 根据立法层面不同，可将我国网络安全立法体系框架分为（　　）层面。

A. 法律　B. 行政法规　C. 地方性法规　D. 规章

5. 在整个网络行为中，（　　）仅是在形式和概念描述上有所不同，其实质基本上是相同的。

A. 入侵　B. 破坏　C. 攻击　D. 检测

四、简答题

1. 影响信息安全的因素有哪些?
2. 信息安全经历了哪些发展历程?
3. 安全威胁存在的原因有哪些？请分别简单描述。
4. 针对计算机网络信息安全受到多方面威胁的现实情况，需要使用哪些技术来保障网络信息安全?
5. 什么是计算机病毒的隐蔽性?
6. 什么是计算机病毒的破坏性?
7. 什么是文件传染源病毒?
8. 计算机病毒的防范措施有哪些?
9. 网络攻击的手段有哪些?
10. 使用计算机应遵循的原则有哪些?
11. 信息安全从业人员应该遵循的道德规范有哪些?

第 14 章 信息检索习题

一、名词解释

1. 信息检索
2. 截词检索
3. 布尔逻辑检索
4. CNKI
5. OA 资源
6. 专利文献
7. 学位论文
8. 文献传递
9. 科技查新
10. 查收查引

二、单项选择题

1. 下列不属于计算机检索的是（ ）。

A. 单机检索 B. 卡片检索 C. 光盘检索 D. 网络检索

2. 通过事物在不同时期的质量、性能、参数、效益等状况特征进行对比，从而分析其发展趋势的方法是（ ）。

A. 综合归类法 B. 动态对比法 C. 横向对比法 D. 相关分析法

3. 在布尔逻辑检索技术中，“A OR B”或“A+B”表示查找出（ ）。

A. 含有 A、B 之一或同时包含 A、B 两词的文献

B. 含有这两个词的文献集合

C. 含有检索词 A 而不含检索词 B 的文献

D. 含有检索词 B 而不含检索词 A 的文献

4. 在布尔逻辑检索技术中，“A AND B”或“A*B”表示查找出（ ）。

A. 含有 A、B 之一或同时包含 A、B 两词的文献

B. 含有这两个词的文献集合

C. 含有检索词 A 而不含检索词 B 的文献

D. 含有检索词 B 而不含检索词 A 的文献

5. 下列不属于计算机检索中的常用截词符的是（ ）。

A. NOT B. ? C. * D. $

6. 改变布尔逻辑运算优先级使用符号的是（ ）。

A. 引号　　B. 括号　　C. 加号　　D. 减号

7. 布尔逻辑检索过程中，默认的优先级是（　　）。

A. NOT > AND > OR　　B. AND > OR > NOT

C. OR > NOT > AND　　D. OR > AND > NOT

8. 中国高等教育文献保障系统的英文简称是（　　）。

A. CERENT　　B. NSTL　　C. CALIS　　D. CNKI

9. 下列不属于特种文献的是（　　）。

A. 期刊论文　　B. 会议论文　　C. 专利文献　　D. 科技报告

10. 刊登在《西南大学学报》上的文章一般称为（　　）。

A. 会议论文　　B. 学位论文　　C. 期刊论文　　D. 学术专著

11. 在中国知网中使用（　　）方式可以查到某教师在某专业领域中文核心期刊发表的论文。

A. 基本检索　　B. 句子检索　　C. 专业检索　　D. 引文检索

12. 若检索重庆工程学院所有作者的文献，一般使用（　　）检索字段。

A. 主题词　　B. 第一作者　　C. 篇名　　D. 作者单位

13. 下列不能检索专利文献的数据库是（　　）。

A. 中国知网　　B. 万方数据　　C. 维普数据　　D. 超星读秀

14. 国内使用最广泛、最专业的中文文献检索和管理工具是（　　）。

A. NoteExpress　　B. EndNote　　C. Mendeley　　D. ReadCube

15. 中国知网是（　　）类型的数据库。

A. 文摘数据库　　B. 全文数据库　　C. 书目数据库　　D. 指南数据库

16. 下列措施中可提高信息检索的查准率的是（　　）。

A. 使用全文检索　　B. 使用逻辑“与”检索

C. 使用逻辑“或”检索　　D. 使用关键词检索

17. 在信息检索技术中，运算符 AND、OR、NOT 指的是（　　）技术方法。

A. 截词检索　　B. 位置检索　　C. 自然语言检索　　D. 布尔逻辑检索

18. 从 CNKI 里查到的文献，需要使用（　　）软件浏览全文。

A. PowerPoint　　B. Word

C. 超星全文浏览器　　D. CAJViewer 或者 PDF 阅读器

19. 下列属于专利文献搜索的是（　　）。

A. Innojoy　　B. Yahoo　　C. Baidu　　D. Medscape

20. 一般而言，中国高校图书馆的图书分类编目和排架按照（　　）分类。

A. 中国人民大学图书馆图书分类法　　B. 中国科学院图书馆图书分类法

C. 中国图书馆分类法　　D. 武汉大学图书分类法

三、多项选择题

1. 布尔逻辑检索是目前计算机检索中运用最广泛的传统检索技术，它主要包括（　　）。

A. 截词检索　　B. 逻辑“或”　　C. 逻辑“与”　　D. 位置逻辑

E. 逻辑“非”

2. 下列包含中文电子期刊的检索系统有（ ）。

A. 中国知网 B. 万方数据库 C. 超星期刊 D. 超星数字图书馆

E. 维普中文期刊服务平台

3. 通常所说的世界三大科技文献检索工具包括（ ）。

A. SCI B. ISTP C. BCA D. ASSCI

E. EI

4. 国家科技图书文献中心拥有的资源包括（ ）。

A. 图书 B. 学位论文 C. 期刊论文 D. 标准

E. 专利

5. 特种文献主要包含（ ）。

A. 电子图书 B. 会议论文 C. 科技报告 D. 标准

E. 专利

四、简答题

1. 根据检索手段的不同，信息检索可以怎样区分？
2. 如何对检索获取的信息资源进行鉴别？
3. 可以查找中文期刊论文全文的数据库有哪些？查找中文学位论文全文的数据库有哪些？
4. 科技查新有严格的工作规范和查新程序，简述如何申请科技查新。
5. 利用本章所学到的知识，简述如何获取期刊文献原文。
6. 你是否使用过个人文献管理工具？简述个人文献管理工具的作用。
7. 简述“知网研学”的功能。
8. 论文选题是撰写论文重要的第一步，需要遵循哪些原则？

第二部分
习题参考答案

第 1 章 信息与信息技术概论习题参考答案

一、名词解释

1. 信息：信息是物质系统运动的本质特征，是物质系统运动的方式、状态及有序性的表现。其基本含义是：信息是客观存在的事实，是物质运动轨迹的真实反映。

2. 信息科学：信息科学是研究信息现象及其运动规律和应用方法的科学，是以信息论、控制论、系统论为理论基础，以电子计算机等为主要工具的一门新兴学科。

3. 信息技术：信息技术主要研究信息的产生、获取、存储、传输、处理及其应用，也就是扩展人类信息器官功能的技术。信息技术主要包括信息获取、传输、处理和存储技术。

4. 信息资源：信息资源是企业生产及管理过程中所涉及的一切文件、资料、图表和数据等信息的总称。

5. 信息化：信息化是指人类社会培育、发展以智能化工具为代表的新的生产力并使之造福于社会的历史过程。

二、单项选择题

1. D 2. C 3. C 4. D 5. B 6. D 7. B 8. D 9. D 10. A
11. C 12. D 13. A 14. B 15. B 16. A 17. B 18. B 19. B 20. D
21. B 22. D 23. C 24. B 25. D 26. A 27. D 28. A 29. A 30. A

三、多项选择题

1. ABC 2. ABD 3. ABC 4. ACD 5. BCD

四、简答题

1. 信息的特征包括依附性、再生性、可传递性、可存储性、可缩性、可共享性、可预测性、有效性和无效性、可处理性以及价值相对性。

2. 信息是人类认识客观世界及其发展规律的基础；信息是客观世界和人类社会发展进程中不可缺少的资源要素；信息是科学技术转化为生产力的桥梁和工具；信息是管理和决策的主要参考依据；信息是国民经济建设和发展的保证。

3. 新一代信息技术包括物联网、云计算、大数据、人工智能、区块链等。

第 2 章　电子与通信习题参考答案

一、名词解释

1. 半导体：半导体是在纯净的晶体结构（称为本征半导体，通常有硅或者锗）中掺杂一定的微量元素，形成电子或空穴，从而产生 N 型半导体、P 型半导体。

2. 晶体三极管：在半导体锗或硅的单晶上制备两个能相互影响的 PN 结，组成一个 PNP（或 NPN）结构，便形成晶体三极管。

3. 场效应晶体管：场效应晶体管依靠一块薄层半导体受横向电场影响而改变其电阻（简称场效应），使其具有放大信号的功能。

4. 门电路：输出和输入之间具有一定逻辑关系的电路称为逻辑门电路，简称为门电路。

5. 组合逻辑电路：组合逻辑电路是指用数字逻辑电路器件所实现的逻辑表达式或真值表，其特点是电路输出与电路原来所处的状态无关。

6. 摩尔定律：集成电路上能被集成的晶体管的数目，将以每 18 个月翻一番的速度稳定增长，这一规律称为摩尔定律。

7. 光刻机：光刻机是集成电路制造设备，由紫外光源、光学镜片、对准系统等部件组装而成。

二、填空题

1. 集成电路（芯片）　2. 交流电路　3. 电流　4. 电压
5. 越大　6. 越小　7. 单向导电性　8. 集电极
9. 逻辑门电路　10. TTL 门电路　11. 真值表　12. 16
13. 无穷大　14. 直流、电流　15. 11111111、FF　16. CPU
17. 数据、程序　18. 256B、4KB　19. 数字集成电路　20. 程序
21. 自由度　22. CDMA2000、TD-SCDMA、WCDMA　23. FDMA、TDMA、CDMA
24. GSM、CDMA（IS-95）　25. IMT-2020　26. eMBB、mMTC、URLLC
27. 石英　28. 光发送器、光接收器、光中继器　29. 全反射　30. 电信号、光信号
31. 网络的形式　32. 电路交换、报文交换、分组交换　33. 电路交换
34. 将呼叫控制功能从媒体网关中分离出来　35. 可伸缩的软件系统
36. 语音通信、非语音通信　37. 基带传输系统、频带传输系统
38. 模拟通信系统、数字通信系统　39. 有线通信系统、无线通信系统
40. 同步轨道卫星、高轨卫星、中轨卫星、低轨卫星
41. 时分多址（TDMA）、码分多址（CDMA）、随机多址（RA/TDMA）、空分多址（SDMA）
42. 中继站　43. 36 000 km　44. 卫星地面站　45. 有源控制

三、单项选择题

1. A 2. A 3. C 4. B 5. D 6. C 7. D 8. C 9. A 10. B
11. A 12. C 13. D 14. B 15. A 16. B 17. C 18. A 19. A 20. C
21. C 22. B 23. A 24. C 25. C 26. B 27. D 28. C 29. A 30. D
31. A 32. A 33. C 34. D 35. A 36. A

四、多项选择题

1. ABC 2. BCD 3. ABCD 4. ABCD 5. AD 6. BCD

五、判断题

1. √ 2. √ 3. × 4. × 5. × 6. √ 7. × 8. √ 9. √
10. × 11. × 12. √ 13. × 14. × 15. × 16. √ 17. × 18. ×
19. × 20. √ 21. √ 22. × 23. × 24. √ 25. √ 26. √ 27. √
28. √ 29. √ 30. × 31. × 32. √ 33. × 34. √ 35. × 36. √
37. × 38. × 39. √ 40. × 41. × 42. × 43. √ 44. √

六、简答题

1. 略（能列举 5 件以上事件即可）。

2. 场效应晶体管（Field Effect Transistor，FET）依靠一块薄层半导体受横向电场影响而改变其电阻（简称场效应），使其具有放大信号的功能。该薄层半导体的两端各接两个电极，分别称为源极和漏极，控制横向电场的电极称为栅极。根据栅极的结构，场效应晶体管主要分为：结型场效应晶体管（Junction FET，JFET），它用 PN 结形成栅极；金属-氧化物-半导体场效应晶体管（Metal-Oxide Semiconductor FET，MOSFET），它用金属氧化物半导体构成栅极。现在的制造工艺可以很方便地把很多场效应晶体管集成在一块硅片上，因此场效应晶体管在大规模集成电路中得到广泛应用。

3. 根据逻辑功能不同，数字电路可分为组合逻辑电路和时序逻辑电路，其中门电路是基本的单元。

4. 摩尔定律是指集成电路上能被集成的晶体管的数目，将以每 18 个月翻一番的速度稳定增长。摩尔定律被称为电子信息产业的“第一定律”，集成电路的发展很好地遵循了这一定律。

缩放定律是指如果晶体管的大小缩减一半，该晶体管的静态功耗将会降至 1/4（电压和电流同时减半）。

目前，芯片业的发展目标基本上是在保证功耗不变的情况下尽可能提高性能。摩尔定律和缩放定律共同引领了集成电路行业的发展。

5. 集成电路工艺发展主要经历了如下几个阶段：晶体管诞生后，通过不断研究，推出了许多新型晶体管。1950 年 FET 问世，1959 年出现了 MOSFET，该类晶体管是集成电路中常用的晶体管。CMOS 结构是 1963 年发明出来的。CMOS 技术静态电源功率密度低，工作电源功率密度高，能够形成高密度的场效应晶体管逻辑电路。1968 年，美国的梅德温（Medwin）成功开发出了第一个基于 CMOS 的集成电路，后来很长一段时间，CMOS 成为集成电路的主要技术。当工艺节点发展到 90nm 阶段，沿用已有的材料与结构时，集成电路工艺遇到了严重的挑战，因此在后续的 65nm、45nm、32nm、28nm 工艺节点时，必须寻找新的材料进行 CMOS 器件设计。在 45nm 工艺节点，设计者引入了高 K（K 为介电常数）绝缘层与金属栅极两项技术，在很小的尺寸下能够保证栅极有效地工作。20 世纪 90 年代，芯片公司普遍认为，当栅极长度缩小到 25nm 以下的时候，采用 MOSFET 将会遇到很多困难。于是，鳍式场效应晶体管（Fin Field-Effect Transistor，FinFET）被发明出来，使栅极长度缩小到 20nm 以下，可妥善处理控制电流，同时降低漏电和动态功率耗损。

6. FPGA 的基本特点如下。

（1）采用 FPGA 设计 ASIC 电路，用户不需要投片生产，就能得到适合使用的芯片。

（2）FPGA 可做其他全定制或半定制 ASIC 电路的中试样片。

（3）FPGA 内部有丰富的触发器和 I/O 引脚。

（4）FPGA 是 ASIC 电路中设计周期短、开发费用低、风险小的器件之一。

（5）FPGA 采用高速 CHMOS 工艺，功耗低，可以与 CMOS、TTL 电平兼容。

7. 硬件描述语言（HDL）是 FPGA 设计实现中重要的编程语言。其主要目的是用来编写设计文件，建立电子系统行为级的仿真模型，即利用计算机的强大能力，对用 HDL 建模的复杂数字逻辑进行仿真，再自动综合，以生成符合要求且在电路结构上可以实现的数字逻辑网表（Netlist），根据网表和某种工艺的器件自动生成具体电路，最后生成该工艺条件下这种具体电路的延时模型。仿真验证无误后，用于制造 ASIC 芯片或写入 FPGA 器件中。

8. 移动通信系统一般由移动终端、基站、移动业务交换中心以及与本地电话网相连接的中继线等组成。

9. 移动通信系统按照不同的分类方式有如下几种类型。

（1）按使用环境不同，可分为陆地移动通信、海上移动通信和航空移动通信。

（2）按使用对象不同，可分为公用移动通信和专用移动通信。

（3）按双工方式不同，可分为频分双工移动通信和时分双工移动通信。

（4）按传输的信号形式不同，可分为模拟移动通信和数字移动通信。

（5）按使用的多址方式不同，可分为频分多址移动通信、时分多址移动通信和码分多址移动通信等。

（6）按组网方式不同，可分为大区制移动通信和小区制移动通信。

10. 移动通信的发展经历了以下 5 个技术阶段。

（1）第一代移动通信技术（1G）阶段：此阶段，主要基于蜂窝结构组网，直接使用模拟语音调制技术。

（2）第二代移动通信技术（2G）阶段：该技术也称为数字蜂窝移动通信系统，主要采用的是数字的时分多址技术和码分多址技术。

（3）第三代移动通信技术（3G）阶段：此技术，可以在移动的情况下实现音频、视频、多媒体文件等的传输。

（4）第四代移动通信技术（4G）阶段：3GPP 于 2008 年提出了长期演进技术（Long Term Evolution，LTE），作为新一代的无线通信技术。与此同时，欧盟主导的 FD-LTE 和中国主导的 TD-LTE 成为 4G 标准。

（5）第五代移动通信技术（5G）阶段：5G 不再是一个单一的无线接入技术，而是多种新型无线接入技术和现有 4G 技术的集成，支持海量数据传输，向实现万物互联、促进工业互联网等领域发展。

11. 5G 采用了全频谱接入、新空口技术、超密集组网、Massive MIMO 技术、网络灵活切片技术、毫米波技术等关键技术。

12. 光纤按照不同的分类方式有如下几种类型。

（1）按照纤芯和包层材料的不同，光纤可分为石英光纤和塑料光纤。

（2）按照光纤折射率分布特点的不同，光纤可分为阶跃光纤和渐变光纤。

（3）按照纤芯内光波模式的不同，光纤可分为多模光纤和单模光纤。

13. 光纤通信系统的主要组成部分包括光纤、光发送器、光接收器、光中继器和适当的接口设备等。其中，光发送器的功能是将来自用户端的电信号转化成为光信号，然后入射到光纤内传输。光接收器的功能是将光纤传送过来的光信号转换成为电信号，然后送往用户端。光中继器用来增大光的传输距离，它将经过光纤传输后由大衰减和畸变的光信号变成没有衰减和畸变的光信号，再继续输入光纤内传输。

14. 光纤通信的优点包括：频带极宽，通信容量大；损耗低，中继距离长；抗电磁干扰能力强；无串音干扰，保密性好。除此之外，光纤还具有光纤径细、质量轻、柔软、易于铺设的特点；光纤的制作原材料资源丰富，成本低；温度稳定性好、寿命长等特点。

15. 光纤通信采用了波分复用技术、光纤接入技术及全光网络等新技术。

16. 在信息网中，交换一般可分为电路交换（Circuit Switching）、报文交换（Message Switching）和分组交换（Package Switching）3 种方式。

17. 现在的程控交换机一般都是采用时隙交换的交换方式。输入/输出的数字信号被分成若干时隙（即小的时间段），输入线路的不同时隙信号被数字交换网络接收后，按照一定的规则存储在相应的存储单元中。根据交换控制，输出时，在控制信号的作用下，相应的存储单元读出时隙信号，送到需要的输出线路。写入与读出的方式有“控制写入、顺序读出”和“顺序写入、控制读出”两种。在大型程控交换机中，一般是空分与时隙交换复合使用的。

18. 软交换具有采用开放的网络构架体系、基于业务驱动的网络、基于统一协议标准和基于分组的网络等网络特征。

19. 软交换的特点主要包括以下 3 点。

（1）它是一个网络解决方案，而不是像综合交换机那样着眼于节点的解决方案。其演进过程中，需要支持的新的网络能力可以由网元实现，软交换则定义网元之间的标准接口。

（2）它是一个分布式和集中式相结合的解决方案。原则上所有功能都是在网络中分布实现的，特别是网络互通功能由分布式网关完成。这些网关数量多，功能相对简单，容量各不相同，但是呼叫控制和业务控制功能可集中于少数几个软交换机完成。

（3）它是一个软件解决方案。核心在于软交换机中的控制逻辑和网元之间的接口协议，传输层功能由相应的底层网络自行解决，不在软交换的考虑范围之内。

20. 软交换的基本含义是：将呼叫控制功能从媒体网关中分离出来，通过软件实现呼叫控制功能，包括选路、管理控制、连接控制和信令互通，从而实现呼叫与承载的分离，为控制、交换和业务/应用功能建立分离的平面。

从广义上看，软交换泛指一种体系结构，利用该体系结构，可以建立下一代网络架构，其功能可以涵盖传输接入层、媒体层面、控制层面和网络服务层面 4 个功能层面。它的主体结构由软交换设备、信令网关、媒体网关、应用服务器等组成。

软交换主要提供连接控制、协议转换、选路、网关管理、呼叫控制、带宽管理、信令、安全性和生成呼叫详细记录等功能。软交换能够集成话音、数据和视频业务，能够在不同网络之间完成不同通信协议的转换。

21. 模拟通信系统模型如图 1 所示。

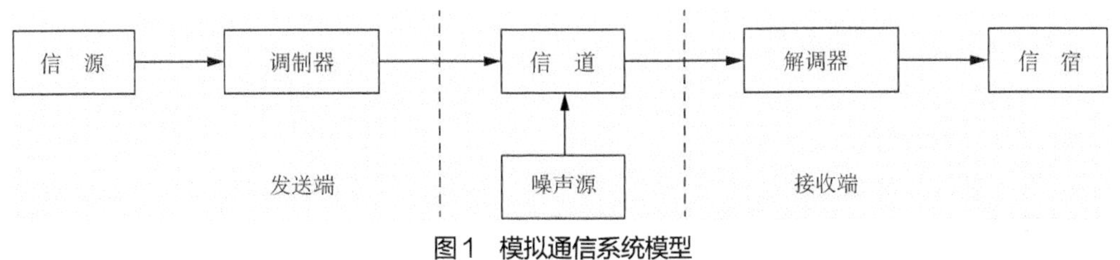

图 1 模拟通信系统模型

22. 数字通信系统模型如图 2 所示。

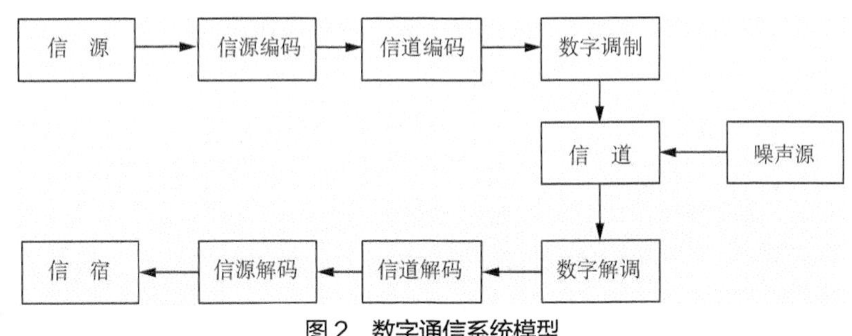

图 2 数字通信系统模型

23. 卫星通信系统主要由以下 4 部分组成。

（1）卫星地面站：用于与卫星进行数据传输，同时负责将数据接入其他网络。

（2）通信卫星：主要用于中继，转发卫星地面站或卫星终端发来的数据。

（3）跟踪遥测及指令系统：主要任务是对卫星上的运行数据及指标进行跟踪测量，控制其准确进入轨道，并对卫星在轨道上的位置及姿态进行监控。

（4）监控管理系统：不直接用于通信，而是在通信业务开通前和开通后对卫星通信的性能参数进行监测和管理。

24. 卫星通信主要具有通信距离远，且费用与通信距离无关；覆盖面积大，可进行多址通信；通信频带宽，传输容量大；通信质量好，通信线路稳定；通信电路灵活，机动性好等特点。

第 3 章 计算机系统习题参考答案

一、名词解释

1. 中央处理器：中央处理器是计算机的核心部件，由控制器和运算器组成。

2. 计算机硬件：计算机硬件是组成计算机的所有电子器件和机电装置的总称，是构成计算机的物质基础，是计算机系统的核心。

3. 计算机软件：计算机软件指的是操作、运行、管理、维护计算机所需的各种应用程序及其相关的数据和技术文档资料。

4. 控制器：控制器是计算机系统的神经中枢和指挥中心，用于控制、指挥计算机系统的各个部分协调工作。

5. 运算器：运算器是对信息进行加工处理的部件，主要用于对数据进行算术运算和逻辑运算。

6. 存储器：存储器是具有记忆能力的电子装置或机电设备。

7. 输入输出设备：输入输出设备是计算机从外部世界接收信息并反馈结果的硬件，统称为 I/O 设备或外围设备（外设）。

8. 操作系统：操作系统是管理、控制计算机系统的所有软硬件资源，提供用户与计算机交流信息的界面，方便用户操作、使用计算机系统的各种资源和功能，以最大限度地发挥计算机的作用和效能的一组庞大的管理控制程序。

9. 系统软件：系统软件指的是管理、监控、维护计算机的软硬件资源，使计算机系统能够高效率工作的一组程序及文档资料。

10. 应用软件：应用软件是指在系统软件的支持下，针对某种专门的应用目的而设计编制的程序及相关文档。

11. 主机：主机中包含了除外围设备以外的所有电路部件，是一个能够独立工作的系统。

12. ALU：算术逻辑运算单元，执行所有的算术运算和逻辑运算。

13. 位：位是计算机中的一个二进制数据代码，计算机中数据的最小表示单位。

14. 字：字是数据运算和存储的单位，其位数取决于具体的计算机。

15. 字节：字节是存储容量的基本单位，1 字节等于 8 位二进制信息。

16. 字长：组成一个字的二进制位数称为字长，反映了计算机并行计算的能力，字长一般为 8 位、16 位、32 位或 64 位。

17. 汇编程序：汇编程序是将汇编语言程序翻译成机器语言程序的计算机软件。

18. 汇编语言：汇编语言是指用一些约定的文字、符号和数字方式（助记符）来表示的程序设计语言，其中大部分指令和机器语言中的指令一一对应，但不能被计算机硬件直接识别。

19. 程序计数器：程序计数器是一个特殊的寄存器，记录着将要读取的下一条指令在存储器中的位置。

20. 地址：计算机存储器是由一系列单元所组成的，每个存储单元都有一个编号，这个编号称为“地址”。

二、单项选择题

1. C	2. B	3. A	4. A	5. C	6. D	7. C	8. B	9. A	10. A
11. D	12. B	13. C	14. C	15. A	16. B	17. D	18. A	19. B	20. A
21. C	22. A	23. D	24. C	25. A	26. D	27. B	28. C	29. A	30. A
31. B	32. D	33. B	34. A	35. C	36. B	37. A	38. D		

三、多项选择题

1. ABCD	2. BD	3. ABCD	4. ABCD	5. ABCDE
6. ABC	7. AC	8. ABCDE	9. ACDE	10. BCD
11. ABCD	12. ABCDE	13. ABCD		

四、简答题

1. 计算机系统除了包括看得见的计算机硬件之外，还包括运行在计算机硬件上的软件，即计算机系统由硬件和软件两大部分组成。

2. 计算机硬件系统主要由五大部件组成，分别是控制器、运算器、存储器、输入设备和输出设备。

3. 冯·诺依曼计算机的主要设计思想是：数字计算机的数制采用二进制；计算机应该按照程序顺序执行。

具体内容是：计算机由控制器、运算器、存储器、输入设备、输出设备五大部分组成；程序和数据以二进制代码形式不加区别地存放在存储器中，存放位置由地址确定；控制器根据存放在存储器中的指令序列（程序）进行工作，并由一个程序计数器控制指令执行。

4. 从使用器件的角度来说，计算机发展经历了 5 个时代：电子管、晶体管、中小规模集成电路、大规模及超大规模集成电路、甚大规模集成电路。

5. 计算机的应用领域主要有：科学计算（或数值计算）、数据处理（或信息处理）、辅助设计、自动控制、人工智能、网络应用以及数字娱乐等领域。

6. 输入设备可以将外部信息（如文字、声音等）转变为数据，输入计算机中进行加工、处理。输出设备把计算机处理的中间结果或最终结果用人能识别的形式（如字符、图形、图像、语音等）表示出来。

常用的输入设备有键盘、鼠标、扫描仪、条形码阅读器等。常用的输出设备有显示器、绘图仪、音箱、打印机、投影仪等。

7. 控制器完全可以进行区分。一般来讲，在取指周期从存储器读出的信息流是指令流，它由存储器流向控制器；在执行周期从存储器读出的信息流则是数据流，它由存储器流向运算器。显然，某些指令执行过程中需要访问两次存储器，一次是取指令，另一次是取数据。

8. 系统软件指的是管理、监控、维护计算机的软硬件资源，使计算机系统能够高效率工作的一组程序及文档资料。

系统软件主要包括操作系统、语言处理系统、数据库管理系统、服务性程序、计算机网络软件等。

9. 操作系统是管理、控制计算机系统的所有软硬件资源，提供用户与计算机交流信息的界面，方便用户操作、使用计算机系统的各种资源和功能，以最大限度地发挥计算机的作用和效能的一组庞大的管理控制程序。

操作系统一般可分为：早期的多道批处理系统；多用户、多任务的分时系统；进行自动控制、信息处理的实时系统，以及单用户操作系统、网络操作系统、分布式操作系统等。

第 4 章　计算机软件习题参考答案

一、名词解释

1. 软件危机：软件危机是指在计算机软件的开发和维护过程中所遇到的一系列严重问题。

2. 软件生命周期：一个软件从提出开发要求开始起，到该软件废弃不用为止，称为软件生命周期。

3. 瀑布模型：瀑布模型是将软件生命周期各个活动规定为依线性顺序连接的若干阶段的模型。它包括可行性分析、项目开发计划、需求分析、概要设计、详细设计、编码、测试和维护。它规定了由前至后、相互衔接的固定次序。

4. 软件定义：软件定义就是用软件去定义系统的功能，用软件为硬件赋能。

5. 快速原型模型：快速原型模型是指在开发实际系统之前，为了理解和澄清问题，快速构建能够运行的软件原型。在此原型的基础上，开发人员逐步完成整个系统的开发工作。

6. 喷泉模型：喷泉模型是一种面向对象的模型，主要用于描述面向对象软件的开发过程。与传统结构生命周期相比，喷泉模型具有更多的增量和迭代次数。

7. 软件开发模型：软件开发模型是指一种结构框架，它能清晰、直观地表达软件开发的全过程，明确规定了要完成的主要活动和任务，是软件项目工作的基础。

8. 中间件：中间件是介于应用系统和硬件操作系统之间的一类软件，它使用系统软件所提供的基础服务（功能），连接网络上应用系统的各个部分或不同的应用，能够达到资源共享、功能共享的目的。

9. 应用软件：应用软件与系统软件相对应，它是用户可以直接使用的，用各种编程语言编译的应用程序集合，分为应用程序包和用户程序。

10. 系统软件：系统软件负责管理计算机系统中各种硬件，使它们能够协调工作。

二、单项选择题

1. A	2. A	3. C	4. B	5. A	6. C	7. A	8. B	9. C
10. B	11. D	12. D	13. D	14. C	15. C	16. B	17. C	18. B
19. A	20. A	21. B	22. D	23. B	24. C	25. B	26. A	27. C
28. C	29. A	30. C	31. B	32. C	33. B	34. C	35. D	36. A
37. C	38. C	39. B	40. A					

三、多项选择题

1. AB 2. AB 3. BD 4. AD 5. ABCD
6. ABD 7. AD 8. BCD 9. ABC 10. ABD
11. ABC 12. AB 13. BD 14. BCD 15. ACD
16. AD 17. ABCD 18. ABC 19. ACD 20. ABC

四、判断题

1. √ 2. √ 3. × 4. × 5. √ 6. × 7. √ 8. × 9. √
10. × 11. √ 12. √ 13. × 14. × 15. × 16. √ 17. × 18. ×
19. √ 20. √

五、简答题

1. （1）软件的定义：软件是指计算机系统中的程序及其文档，可以理解为：软件=程序+数据+文档。程序是计算任务的处理对象和处理规则的描述，必须装入机器内部才能工作；数据是程序运行过程中需要的内容；文档是为了便于了解程序所需的阐明性资料，一般是给用户看的，不一定装入机器。

（2）软件的特征：软件是无形的，没有物理形态，人只能通过运行状况来了解软件的功能、特性和质量；软件渗透了大量的脑力劳动，人的逻辑思维、智能活动和技术水平是软件产品的关键；软件不会像硬件一样老化磨损，但存在缺陷维护和技术更新；软件的开发和运行必须依赖于特定的计算机系统环境；软件具有可复用性，软件开发出来很容易被复制，从而形成多个副本。

2. 按应用范围划分，软件可分为系统软件、应用软件和介于这两者之间的中间件。

3. 软件生命周期也称为软件生存周期或系统开发生命周期。这是指从软件产生到废弃的生命全过程，包括问题定义、可行性分析、总体描述、系统设计、编码、调试和测试、验收和运行、维护和升级、报废等阶段。这种按时间分程的思想方法是软件工程中的一种思想原则，即每一步都必须进行定义、工作、审查并形成文档，以便将来进行交流或备查，以提高软件质量。

4. 软件开发过程可以分为软件定义、软件开发和软件维护 3 大阶段。软件定义阶段一般分为问题定义、可行性研究和需求分析 3 个子阶段。软件开发阶段一般包括概要设计、详细设计、编码和测试 4 个子阶段。软件维护阶段的主要任务是使软件持久地满足应用的需求。

5. 软件定义，就是用软件去定义系统的功能，用软件为硬件赋能。

软件定义的核心是应用程序接口。在 API 之上，一切皆可编程；API 之下，“如无必要、勿增实体”，即软件和硬件在逻辑上是等价的，以充分且必要的硬件为基础，通过软件可以实现任意丰富的功能。API 解除了软硬件之间的耦合关系，使得两者可以各自独立演化，有助于软件向个性化方向发展、硬件向标准化方向发展。简而言之，软件定义就是更多地由软件来驱动并控制硬件资源。

6. 软件定义主要包括软件定义数据中心、软件定义网络、软件定义存储、软件定义计算、软件定义安全、软件定义工业制造、软件定义生活和软件定义世界等内容。

7. 随着人、机、物的融合，软件呈现规模庞大且持续增长趋势，系统的复杂度越来越高，软件定义的挑战不可避免，主要体现在体系结构设计决策、系统质量、系统安全、更轻量的虚拟化、从原有系统到软件定义系统平滑过渡以及高度自适应智能软件平台等几个方面。

第 5 章　计算机网络习题参考答案

一、名词解释

1. 计算机网络：计算机网络是把地理位置不同且具有独立功能的若干台计算机、终端及其附属设备，通过通信线路和设备相互连接起来，按照网络通信协议进行数据通信和资源共享的信息系统。

2. 网络拓扑结构：网络拓扑结构是指用传输媒体把计算机等各种设备互相连接起来的物理布局，是指互连过程中构成的几何形状，它能表示出网络服务器、工作站的网络配置和互相之间的连接情况。

3. 局域网：局域网是指将分散在有限地理范围内的计算机及其设备通过传输介质连接起来的通信网络，以实现计算机及其设备之间的相互通信和资源共享。

4. 广域网：广域网通常指跨接很大的物理范围，所覆盖的范围从几十千米到几千千米，能连接多个城市或国家，或横跨几个洲并能提供远距离通信，形成国际性的远程网络。

5. 网络传输介质：网络传输介质是指通信网络中发送方和接收方之间的物理通路。

6. 中继器：中继器是负责在两个节点传递信息，完成信号的复制、调整和放大功能，以此来扩大网络的覆盖范围的网络设备。

7. 交换机：交换机是一种用于电（光）信号转发的网络设备。

8. 路由器：路由器是对不同的网络之间的数据包进行存储、分组转发处理的网络设备。

9. 防火墙：防火墙是指在内部网络和外部网络之间构筑的一道屏障，是在内外有别及在需要区分处设置有条件的隔离设备，用以保护内部网络中的信息、资源等不受来自外部网络中非法用户的侵犯。

10. 移动互联网：移动互联网是互联网的技术、平台、商业模式和应用与移动通信技术结合并实践的活动的总称。

11. 搜索引擎：搜索引擎是根据用户需求与一定算法，运用特定策略从互联网检索出定制信息并反馈给用户的一种检索技术。

12. ISP：ISP 指互联网服务提供商，就是向广大用户综合提供互联网接入业务、信息业务和增值业务的电信运营商。

13. “互联网+”：“互联网+”指的是依托互联网信息技术实现互联网与传统产业的联合，以优化生产要素、更新业务体系、重构商业模式等途径来完成经济转型和升级的新经济形态。

14. 新媒体：新媒体是利用数字技术，通过计算机网络、无线通信网、卫星等渠道，以及计算机、手机、数字电视机等终端，向用户提供信息和服务的传播形态。

15. 电子商务：电子商务是指在全球各地广泛的商业贸易活动中，在因特网开放的网络环境下，基于客户端/服务端应用方式，买卖双方不谋面地进行各种商贸活动，实现消费者的网上购物、商户之间的网上交易和在线电子支付，以及各种商务活动、交易活动、金融活动和相关的综合服务活动的一种新型的商业运营模式。

二、单项选择题

1. B　2. B　3. D　4. A　5. C　6. C　7. A　8. C　9. A
10. D　11. A　12. A　13. B　14. B　15. C　16. A　17. C　18. B
19. A　20. C　21. A　22. B　23. D　24. A　25. B　26. B　27. A
28. B　29. B　30. D　31. C　32. B　33. B　34. C

三、多项选择题

1. ABD　2. ABCD　3. ABCD　4. AB　5. ABD　6. ABCD
7. ABCD　8. ABC　9. ABCD　10. ABC　11. ABCD　12. ABCD

四、简答题

1. 计算机网络的主要功能包括资源共享、数据通信、均衡负载、相互协作、分布处理、提高计算机系统的可靠性。

2. 常见的拓扑结构分为总线型、星形、环形和网状。总线型的特点是：组建方便，价格便宜，节点容易删除和添加，但网络占用总线问题较多；星形的特点是：网络传输率较高，但价格较昂贵，依靠中心节点；环形的特点是：以令牌环形式单向或双向流动，安全，但一个节点中断，网络容易瘫痪；网状的特点是：用于广域网网络拓扑，网络数据路径可选择，但传输率慢，不适合局域网使用。

3. 目前 Internet 提供的服务主要有电子邮件、WWW、FTP、远程登录 Telnet 等。

4. 局域网覆盖有限的地址范围，一般为数百米至数千米；具有较高数据传输速率，一般不小于 100Mbit/s，以目前的技术看，速率可达 10 000Mbit/s。局域网中数据传输质量高，误码率低。局域网一般属于一个单位所有，易于建立、维护和扩展。局域网具有协议简单、结构灵活、建网成本低、便于管理和扩充等特点。

5. 双绞线具有如下特点。

（1）在施工中弯曲或踩踏时不易损坏。

（2）电气性能较好，与未来技术兼容。

（3）电缆的成本费较低。

（4）连接双绞线的连接器水晶头不贵，且便于连接电缆。

6. 光传输的原理是：由于纤芯的折射率大于包层的折射率，故光波在界面上形成全反射，使光只能在纤芯中传播，从而实现通信。根据光纤传输模数的不同，光纤主要分为单模光纤和多模光纤。

7. 计算机网络面临的安全威胁主要包括以下几个方面。

（1）因软件设计的漏洞或“后门”而产生的问题。

（2）计算机病毒。

（3）用户网络内部工作人员的不良行为引起的安全问题。

（4）网络自身和管理存在欠缺。

（5）黑客的恶意攻击。

第 6 章　云计算与分布式习题参考答案

一、名称解释

1. 云计算：云计算是一种资源的服务模式，是一种新兴的 IT 服务模式，能通过互联网将资源（网络、存储、计算资源、服务器、应用等）按需提供给用户，用户可以像购买水电一样按需购买，降低了用户的成本。

2. PaaS：PaaS 提供了应用程序的运行环境，它一般指的是中间件平台，把应用平台（如 BPM、ESB、Portal Server 等）进行抽象，进行平台虚拟化，把应用平台作为一个资源池进行管理分配，形成共享平台或是应用平台资源池。

3. IaaS：IaaS 为用户提供 IT 基础设施服务，提供计算、存储和网络等服务。IaaS 将 IT 基础设施以服务的形式提供给用户，用户根据需求支付具体费用。云服务器商将多种硬件资源（如内存、设备、存储和计算能力等）整合起来，形成一个虚拟的资源池，为用户提供基础存储运算等服务，用户可以支付廉价的费用，获取所需的服务，减少了许多硬件开销，如节省了云服务器、云存储设备等费用。

4. SaaS：SaaS 是将特定的应用软件功能封装成服务。它是通过 Internet 方式提供软件的模式，用户无须购买软件，而是向提供商租用基于 Web 的软件，来管理企业经营活动。

5. 私有云：私有云是指完全根据用户的需要进行定制开发，满足其特殊的业务需求的云服务。私有云是企业客户单独使用的云，它对数据的安全性和隔离性要求很高。

6. 公有云：公有云指的是第三方提供商为用户提供的云服务，而用户只需要通过 Internet 就能使用。公有云一般价格低廉或免费提供给用户使用。

7. 混合云：混合云既包括了公有云也包括了私有云，它提供的服务可以供别人使用，也可以为自己使用，混合云的部署方式对提供者要求很高。

8. 数据中心：数据中心指的是一整套复杂的设施。它不仅包括计算机系统和与之配套的设备（如通信、存储系统等），还包含冗余的数据通信连接、环境控制设备、监控设备以及各种安全装置。

9. 虚拟化技术：虚拟化技术主要解决高性能的物理硬件产能过剩和老旧硬件产能过低的重构重用等问题，它能够使底层物理硬件透明化，提高物理硬件利用率。

10. 计算虚拟化：计算虚拟化可以将单个 CPU 模拟为多个虚拟 CPU，允许在一个平台同时运行多个操作系统，并且应用程序可以在相互独立的空间内运行而不相互影响，也就是计算虚拟化技术实现了计算单元的模拟和这些被模拟出来的计算单元的隔离。

11. 网络虚拟化：网络虚拟化是指为了实现彻底地与现有物理硬件网络的解耦的虚拟网络，需要通过软件定义网络方式来对网络进行虚拟化，以构建一个与物理网络完全独立的逻辑网络。

12. 存储虚拟化：存储虚拟化是指利用虚拟化软件对存储数据读/写操作指令进行“截

获”，建立异构硬件资源的统一应用程序可编程接口，进行统一的信息建模，使上层应用可以采用规范的方式访问底层的存储资源。

13. 直接附接存储：直接附接存储是指依赖服务器主机操作系统进行数据的 I/O 读写和存储维护管理，数据备份和恢复要求占用服务器主机资源（包括 CPU、系统 I/O 等），数据流需要回流主机再到服务器连接着的磁带机（库）。

14. 网络附接存储：网络附接存储是指连接在网络上的具备存储功能的装置，因此也称为“网络存储器”。它是一种专用的数据存储服务器，以数据为中心，将存储设备与服务器彻底分离，集中管理数据，从而释放带宽、提高性能、降低总拥有成本、保护投资。

15. 存储区域网：存储区域网是一种专门为存储建立的、独立于 TCP/IP 网络之外的专用网络。

二、单项选择题

1. B　2. D　3. B　4. A　5. C　6. C　7. A　8. C　9. B

三、多项选择题

1. ACDE　2. ABC　3. ABCE　4. ABE　5. ACD　6. ABC　7. ABC

四、简答题

1. 云服务模式主要有 3 种，分别为基础设施即服务（Infrastructure as a Service，IaaS）、平台即服务（Platform as a Service，PaaS）、软件即服务（Software as a Service，SaaS）。

2. IaaS 为用户提供 IT 基础设施服务，提供计算、存储和网络等服务。IaaS 将 IT 基础设施以服务的形式提供给用户，用户根据需求支付具体费用。云服务器商将多种硬件资源（内存、设备、存储和计算能力等）整合起来，形成一个虚拟的资源池，为用户提供基础存储运算等服务，用户可以支付廉价的费用，获取所需的服务，减少了许多硬件开销。

3. PaaS 是将开发环境作为一种服务提供给个人或者企业使用的一种云服务模式。云服务提供商将开发环境、服务器平台等提供给用户，个人或企业利用这一有效的平台定制、开发适合自己的应用程序，以此进行使用或者传送给其他用户。

4. SaaS 是将特定的应用软件功能封装成服务的一种云服务模式。它是通过 Internet 提供软件的模式，用户无须购买软件，而是向提供商租用基于 Web 的软件，来管理企业经营活动。

5. 云计算具有超大规模、高可靠性、多租户隔离、弹性扩展、按需服务、资源可监控计量、低成本等特点。

6. 云计算按部署模式分为公有云、私有云、混合云和行业云。

7. 虚拟化技术可以分为计算虚拟化、网络虚拟化、存储虚拟化。

8. 虚拟化技术主要解决高性能的物理硬件产能过剩和老旧硬件产能过低的重构重用等问题，它能够使底层物理硬件透明化，提高物理硬件利用率。

9. 存储虚拟化软件有 Docker、KVM、Citrix XenServer、VMware vSphere、Microsoft Hyper-V 等。

10. 硬盘常见的接口有 IDE（Integrated Drive Electronics，集成驱动电接口）、SCSI（Small Computer System Interface，小型计算机系统接口）、SATA（Serial Advanced Technology Attachment，串行先进技术总线附属）。

11. 固态硬盘具有速度快、功耗小、重量轻等诸多优点。由于其采用了闪存颗粒作为存储介质，因此固态硬盘也摆脱了传统硬盘机械结构的限制，抗震抗摔性能好。

12. 机械硬盘是日常生活中最常见的硬盘，价格便宜且容量较大，缺点是速度较慢，由于其采用了机械结构，因此防震抗摔性差。

13. 分布式存储具有数据一致性、数据可用性、分区容错性等特征。

14. 资源管理技术主要分为复用技术、虚拟技术和抽象技术。

第 7 章　物联网习题参考答案

一、名词解释

1. RFID：RFID（Radio Frequency Identification，射频识别）是利用无线射频信号空间耦合的方式，实现无接触的标签信息自动传输与识别的技术。

2. 无线传感器网络：无线传感器网络是由部署在监测区域内大量的、廉价的微型传感器节点组成，通过无线通信方式形成的一个多跳的、自组织的无线自组网系统。其目的是将网络覆盖区域内感知对象的信息发送给观察者。

3. 物联网：物联网是按照约定的协议，将具有"感知、通信、计算"功能的智能物体、系统、信息资源互联起来，实现对物理世界"泛在感知、可靠传输、智慧处理"的智能服务系统。

4. 传感器：传感器是一种检测装置，能感受到被测量的信息，并能将感受到的信息按一定规律变换成电信号或其他所需形式的信息输出，以满足信息的传输、处理、存储、显示、记录和控制等要求。

5. 中间件技术：中间件技术是为了实现每个小的应用环境或系统的标准化以及它们之间的通信，在后台应用软件和读写器之间设置的一个通用的平台及接口。

6. 二维码技术：二维码技术是用某种特定的几何形体按一定规律在平面上分布（黑白相间）的图形来记录信息的应用技术。

7. NB-IoT：NB-IoT 基于现有的蜂窝网络构建，可直接部署在无线网络。其核心是面向低端物联网终端（低耗流），适合广泛部署在智能家居、智慧城市、智能生产等领域。

8. M2M 技术：M2M 技术根据不同场景代表 Machine-to-Machine（机器对机器）、Man-to-Machine（人对机器）、Machine-to-Man（机器对人）、Mobile-to-Machine（移动网络对机器）、Machine-to-Mobile（机器对移动网络）等之间的连接与通信技术。

9. 蓝牙：蓝牙是一种短距离、低功耗、低成本的无线通信技术。蓝牙采用工业、科学与医药专用 ISM 频段。工作频率在 2.4GHz 时，其数据传输速率最高为 1Mbit/s，通信距离一般在 10m 以内。蓝牙支持点对点、点对多点的通信。

10. ZigBee：ZigBee 是一种面向自动控制的低速、低功耗、低成本的无线网络技术。ZigBee 网络的节点数量多、覆盖规模大。

二、单项选择题

1. B　2. A　3. B　4. B　5. B　6. D　7. C　8. A　9. A
10. D　11. A　12. D　13. A　14. A　15. B　16. B　17. D　18. C
19. D　20. C　21. D　22. D　23. D

三、多项选择题

1. ABC 2. ABC 3. ACD 4. ACD 5. ABCD 6. ABCD

四、简答题

1. M2M 是一种以机器智能交互为核心的、网络化的应用与服务。简单地说，M2M 是指机器之间的互联互通。广义上来说，M2M 可代表机器对机器、人对机器、机器对人、移动网络对机器之间的连接与通信，它涵盖了所有实现在人、机器、系统之间建立通信连接的技术和手段。

2. IEEE 802.15.4 标准是为 LR-WPAN 网络制定的物理层和 MAC 子层协议的标准，而 ZigBee 规范建立在 IEEE 802.15.4 标准之上，在此基础上扩展到了网络层和应用层框架。

3. 车联网的通信架构由移动部分和基础设施组成。其中移动部分以车辆为载体，构成一种特殊的移动无线传感网络，根据组网方式和通信功能的不同，分为车域网和车载自组网；基础设施由接入网络和承载网络组成，为快速移动的车辆提供网络接入和各种应用服务。

4. 物联网终端通过无线的方式接入时，常用到以下几种技术：IEEE 802.11 的 WiFi、移动通信网的 NB-IoT、M2M、D2D，以及蓝牙、ZigBee、UWB、NFC 等。

5. 智能手机配置的传感器包括加速度传感器、磁场传感器、方向传感器、陀螺仪、光线传感器、气压传感器、温度传感器、湿度传感器与接近传感器等。

6. RFID 系统由电子标签、无线和读写器等组成。电子标签的功能有存储数据、通过天线与读写器进行无线通信；读写器的功能有通过天线与电子标签进行无线通信、实现对标签数据的读写与识别。

7. RFID 的基本功能包括以下两点。

（1）对固定或移动 RFID 标签进行识别与读写，发现读写过程中出现的错误。

（2）将读取的 RFID 存储的数据传送到计算机，将计算机写入的数据或指令发送到 RFID 芯片。

8. 物联网的三层结构模型分为感知层、网络层、应用层。

（1）感知层是物联网的基础，包含各种感知层设备，如自动感知设备与人工生成信息设备。

（2）网络层主要有核心交换层、汇聚层、接入层。接入层通过各种接入技术，连接最终用户设备；汇聚层聚合接入层的用户流量，实现数据路由、转发与交换；核心交换层为物联网提供一个高速、安全与保证服务质量的数据传输环境。

（3）应用层分为管理服务层与行业应用层。管理服务层通过中间件对应用层软件屏蔽了感知层的感知设备以及网络层传输网络的差异性，将海量感知数据汇聚、存储，利用数据挖掘、大数据处理与智能决策技术，为行业应用层提供服务。

9. 略。

10. 略。

11. 物联网主要应用在以下领域：智能工业、智能农业、智能交通、智能电网、智能环保、智能医疗、智能安保、智能家居、智能物流等。

第 8 章　大数据习题参考答案

一、名词解释

1. 大数据：大数据是指一种规模大到在获取、存储、管理、分析方面大大超出了传统数据库软件工具能力范围的数据集合。

2. 数据科学：数据科学是指从数据中提取有用知识的一系列技能和技术。

3. 数据工程：数据工程是指利用工程的观点进行数据管理、分析以及开展系统的研发和应用。

4. 大数据技术：大数据技术是数据科学与数据工程之间的桥梁，即如何在数据工程的每一个步骤中使用某种技术，以实现数据科学的思维方法。

5. 数据清洗：数据清洗是指将数据中的“不干净”“不好用”的数据“洗”掉。其中的“不干净”数据主要包括异常值、缺失值、重复值等。

6. 数据集成：数据集成是指将不同来源的数据合并在同一个数据集中，以方便后续的数据分析处理。

7. 数据转换：数据转换是将数据转换或统一成适合于数据挖掘的形式。

8. 数据归约：数据归约是指将数据“压缩”。

9. 数据中心：数据中心是全球协作的特定设备网络，用来在互联网基础设施上传递、加速、展示、计算、存储数据信息。

10. 数据分析：数据分析是指用适当的统计分析方法对收集来的大量数据进行分析，将它们加以汇总和理解并消化，以求最大化地开发数据的功能，发挥数据的作用。

11. 描述性统计分析：描述性统计分析主要用于展示数据呈现出的变化趋势，使用几个关键数据来描述整体的情况，如频数分析、集中趋势分析、离散程度分析、数据的分布等。

12. 探索性数据分析：探索性数据分析是指对已有数据在尽量少的先验假设下，通过作图、制表、方程拟合、计算特征量等手段探索数据的结构和规律的一种数据分析方法。

13. 验证性数据分析：验证性数据分析是指根据研究的问题提出假设，再用统计的方法判断提出的假设是否正确。

14. 知识发现：知识发现是指从数据库的大量数据中揭示隐含的、先前未知的并有潜在价值的信息的过程。

二、单项选择题

1. D　2. C　3. D　4. A　5. C　6. B　7. A　8. D　9. D

三、多项选择题

1. ABCD 2. AD 3. BCD 4. ABCD 5. ABCD 6. ABCD
7. ABCD 8. ACD 9. ABCD

四、简答题

1. 大数据具有 4 个方面的典型特征，即数据规模大（Volume）、数据形式多（Variety）、数据增长速度和处理速度快（Velocity）以及价值高但密度低（Value），以上 4 个典型特征简称 4V。

2. 大数据的来源主要包括数据库数据、系统日志数据、网络数据等。

3. 数据的采集方式包括数据库数据采集、系统日志采集和网络数据采集 3 种方式。

4. 根据收集到的数据集的量，数据的存储可分为单机系统存储、服务器系统存储和分布式系统存储。

5. 常用的描述性统计分析方法有频数分析、集中趋势分析、离散程度分析、数据的分布分析等。

第 9 章　人工智能习题参考答案

一、名词解释

1. 人工智能：人工智能是利用数字计算机或者数字计算机控制的机器模拟、延伸和扩展人的智能，感知环境、获取知识并使用知识获得最佳结果的理论、方法、技术及应用系统。

2. 强人工智能：强人工智能是指机器能像人类一样思考，有感知和自我意识，能够自发学习知识的能力。

3. 弱人工智能：弱人工智能是指机器并不能真正像人类一样进行推理思考并解决问题，但是能智能地完成某些特定任务。

4. 符号主义：符号主义是人工智能流派之一。符号主义者认为人工智能来源于数理逻辑，认为“机器要像人一样思考才能获得智能”，因此符号主义者致力使用逻辑符号来描述人类的认知过程，并发明了符号计算语言，从而使用计算机通过逻辑推理来模拟人类的认知过程，最终实现人工智能。

5. 连接主义：连接主义是人工智能流派之一。连接主义者认为人工智能源于仿生学，特别是对人脑的神经系统模型的研究。基于人工神经网络的深度学习是连接主义的主要成果。

6. 行为主义：行为主义是人工智能流派之一。行为主义者认为人工智能源于控制论。行为主义通过对系统的模拟，引入自适应、自学习等思想，成功地对未知的问题进行了初步的解决。

7. 机器学习：机器学习是实现人工智能的一种方法，即基于已有数据、知识或经验自动识别有意义的模式。最基本的机器学习使用算法解析和学习数据，然后在相似的环境里作出决定或预测。简言之，即基于数据学习并做决策。

8. 监督学习：监督学习是机器学习的一种，它是使用已经知道答案的数据或者是已经给定标签的数据给机器进行学习的一个过程。

9. 无监督学习：无监督学习是机器学习的一种，它使用的数据是没有标记过的，即不知道输入数据后对应的输出结果是什么。无监督学习只能“默默”地分析数据，让算法去寻找数据的模型和规律。

10. 深度学习：深度学习本质上也是一种机器学习。深度学习是一种基于神经网络技术的机器学习算法。

11. 人工神经网络：人工神经网络是一种模仿生物的神经网络（如人的神经系统）的结构的数学模型或者计算模型，用于模拟生物的信号传输和处理功能。

二、单项选择题

1. C　2. B　3. A　4. C　5. D　6. B　7. C　8. A　9. B　10. A

三、多项选择题

1. BCD　2. BC　3. AC　4. ABC　5. AD
6. ABCD　7. ABD　8. ABCD　9. ABD　10. ABC

四、简答题

1. 人工智能的发展不是一帆风顺的，一般认为在人工智能历史上出现过三次重要的发展浪潮。

达特茅斯会议的人工智能奠基者们掀起了人工智能研究的第一次发展浪潮。该时期的研究重点是赋予机器逻辑计算和推理的能力。但受限于当时计算机算力不足以及政府拨款的不足，人工智能技术研究开始进入第一个寒冬。

随着计算机性能的提升，1981 年，IBM PC 问世，个人计算机（也称为微型计算机）开始出现。小型机的算力使得具备逻辑规则推演和特定领域回答解决问题的专家系统得到了快速发展。AI 技术在商业上开始逐渐实用起来，于是掀起了人工智能技术发展的第二次高潮。专家系统所依赖的知识库系统和知识工程成为当时人工智能主要的研究方向。然而专家系统的实用性只局限于特定领域，同时升级难度高、维护成本居高不下，行业发展再次遇到瓶颈，人工智能技术步入了第二个寒冬。

随着计算机运算速度的进一步加快，人工智能在计算性能上的障碍被逐渐突破。基于人工神经网络的连接主义在深度学习上取得了空前的突破，直接将人工智能技术推向了第三轮高潮。不断提高的计算机算力加速了人工智能技术的迭代，AI 与多个应用场景结合落地，产业焕发新生机。

2. 机器学习是实现人工智能的一种方法，即基于已有数据、知识或经验自动识别有意义的模式。最基本的机器学习使用算法解析和学习数据，然后在相似的环境里做出决定或预测。

传统程序算法则是将人类专家的经验一句句地手工编码为计算机语言模型，然后与数据一起交给计算机进行计算，根据计算结果给出预测结果。

机器学习算法不再由人类专家给出模型，而是从样本数据及预期结果中使用计算机进行计算，得到某种数学规律。这个过程叫作训练，也叫作机器学习。得到的数学规律即训练模型，然后将这个训练模型和想要预测的新数据一起交给计算机再次进行计算，根据计算结果给出预测结果。

简而言之，基于数据学习并做决策是机器学习算法与传统程序算法的重要区别。

3. 根据学习模式、学习方法以及算法的不同，机器学习存在不同的分类方法。常见的三大基本类别如下。

（1）监督学习：监督学习是使用已经知道答案的数据或者是已经给定标签的数据给机器进行学习的一个过程。通俗地讲，监督学习就相当于我们做练习题，当做完一道题之后，可以翻看已经存在的答案，然后通过答案来进行学习和调整，达到举一反三的效果。通过这样的学习，在下次出现类似的题目时，我们就可以通过已有的经验进行解答。

（2）无监督学习：无监督学习中使用的数据是没有标记过的，即不知道输入数据后对应的输出结果是什么。无监督学习只能“默默”地分析数据，让算法去寻找数据的模型和规律。

相当于你在学习的过程中，遇到的问题是没有答案的，只能你自己从中摸索，寻找数据中的规律，然后依据这些规律对其进行分类判断等。

（3）强化学习：强化学习也是使用未标记的数据，但是可以通过某种方法知道你是离正确答案越来越近还是越来越远（如游戏的分是涨了还是降了，在算法上被称为奖惩函数）。强化学习强调的是如何基于环境行动，以取得最大化的收益。

因此，监督学习是需要对学习的数据进行标注的。无监督学习和强化学习使用的数据则都没有标注，但是强化学习可以使用奖惩函数来评估策略的优劣，无监督学习只能从静态的数据中去寻找规律，进行分析判断。

4. 略。

第 10 章　区块链技术习题参考答案

一、名词解释

1. 区块链：区块链是分布式数据存储、点对点传输、共识机制、加密算法等计算机技术在互联网时代的创新应用模式。

2. 数字货币：数字货币是在不存在第三方记账机构的情况下，可直接交易的一种信任、安全货币。

3. P2P 网络技术：P2P 网络技术是区块链系统连接各对等节点的组网技术，P2P 网络中各节点的计算机地位平等，每个节点有相同的网络权力，不存在中心化的服务器。

4. 非对称加密算法：非对称加密算法使用公私钥对数据存储和传输进行加密和解密。

5. 分布式账本：分布式账本是一种数据库类型，可在分散网络的成员之间共享、复制和同步。

6. 共识机制：共识机制是多方参与的节点在预设规则下，通过多个节点交互对某些数据、行为或流程达成一致的过程。

7. 智能合约：智能合约是指计算机中的一段代码，这段代码定义了一个协议，就像现实世界中的合同。当满足一定条件时间后（如合同到期、违约等），合约自动执行，中间无须第三方参与。

8. 去中心化：去中心化是指无须任何第三方机构或者中心。

9. 工作量证明（PoW）：工作量证明是指根据矿工的工作量来执行区块的分配和记账权的确定。

10. 权益证明（PoS）：权益证明是指采用类似股权证明与投票的机制，选出记账人，由它来创建区块。持有股权越多则有越大的特权，且需负担更多的责任来产生区块，同时也获得更多收益的权力。

11. 公开链：公开链是指任何人都可以参与使用和维护，信息是完全公开的链。

12. 联盟链：联盟链介于公开链和私有链之间，由若干组织一起合作维护一条区块链，该区块链的使用必须是有权限的管理，相关信息会得到保护。

13. 私有链：私有链是指集中管理者进行限制，只有内部少数人可以使用，信息不公开。

14. 数字签名：确保数字签名的归属性，由发送者 A 采用自己的私钥加密信息后发送给 B，B 使用 A 的公钥对信息解密，从而可确保信息是由 A 发送的。

15. 公钥：公钥是可公开发布，用于发送方加密要发送的信息。

16. 私钥：私钥用于接收方解密接收到的加密内容。

二、单项选择题

1. A 2. C 3. D 4. B 5. A 6. B 7. C 8. A 9. D
10. C 11. C 12. C 13. D 14. B 15. C 16. D 17. A 18. B
19. D 20. C 21. D 22. D 23. C 24. A 25. D 26. A 27. B

三、多项选择题

1. ABCD 2. ABC 3. ABD 4. ABC 5. ABD
6. BCD 7. ABCD 8. AB 9. AD 10. BCD
11. BCD 12. ABCD 13. ABC 14. ABCD 15. ABCD
16. ABD 17. ABC 18. ABCD 19. AD 20. ABD
21. ABCD

四、简答题

1. 货币是人类发展过程中的一个重大发明，主要用于流通买卖。货币的形态经历了多个阶段，包括实物货币阶段、金属货币阶段、代用货币阶段、信用货币阶段、电子货币阶段、数字货币阶段等。当前银行货币的形式都是数字化的，我们的资产都是通过账号来记录的。但是它的本质上是通过一个安全可靠的第三方记账机构来实现的，但这种情况也有很多弊端，比如跨国贸易，交易双方彼此不信任，或者第三方系统出现故障等情况，因此我们需要一个完全去中心化的、可自由交易的数字货币。

2. 我们所需要的去中心化的数字货币主要解决了判定货币的真伪、双方货币的交易、避免其他货币类型带来的双重支付等问题。

3. 区块链的本质是自带信任化和防止篡改的分布式记录系统。区块链的主要作用是存储信息。任何需要保存的信息都可以写入区块链，也可以从里面读取。任何人都可以架设服务器，加入区块链网络，成为一个节点。区块链的世界里面，没有中心节点，每个节点都是平等的，都保存着整个数据库。用户可以向任何一个节点写入/读取数据，因为所有节点最后都会同步，保证区块链一致。区块链技术支持一组特定的参与方共享数据。它可以收集和共享多个来源的事务数据，能够将数据细分为加密哈希形式的唯一标识符，然后把它链接在一起的形成共享区块，并通过单一信息源确保数据完整性，消除数据重复，提高数据安全性。总之，区块链是分布式数据存储、点对点传输、共识机制、加密算法等计算机技术在互联网时代的创新应用模式。区块链技术被认为是继大型机、PC 及互联网之后计算模式的颠覆式创新，很可能在全球范围引起一场新的技术革新和产业变革。

4. 区块链具有不可伪造、不可虚构、不可篡改等特点。

5. 非对称加密主要应用于信息加密、数字签名、登录认证等场景。

6. 传统记账的方式依赖于流水账本，从一开始的人工记录到后来的计算机记录，与其相关的岗位有财务、核算员等。对于不同规模的公司来说，记账的重要性不言而喻，不能乱记，也不能乱改。在传统记账方式中，出现过漏账、假账等情况。一般情况下，公司财务部有会计和出纳两个岗位，这相当于是两个人在进行记账。虽然看上去相对安全，但是，如果两个人合谋对账本做手脚，那么是非常容易出现安全漏洞的。

7. 首先，分布式记账与传统记账最大的区别就在于记账的人数不同。分布式记账人数相比之下可高达数倍的增长，整个系统中所有参与的用户都能看到这个记账过程，而用户与用户之间是毫无关系的，这样一来，从数据的安全性来说，就安全得多。其次，分布式记账通过权益证明（Token）来激励用户参与系统记账。这也从本质上解决了第三方记账带来的安全隐患问题。最后，分布式记账是与整个系统生态紧密相关的，它并不是像传统记账领域中，由单一的部门来完成这个工作，它的运作方式是协同所有参与者共同来记账，这样可以打造出一个完全公开透明化的社区生态，对于系统的发展具有较好的促进作用。因此，要使用分布式账本。

8. 共识机制是所有区块链和分布式账本应用的基础。所谓共识，是指多方参与的节点在预设规则下，通过多个节点交互对某些数据、行为或流程达成一致的过程。共识机制是指定义共识过程的算法、协议和规则。区块链的共识机制具备“少数服从多数”及“人人平等”的特点，其中“少数服从多数”并不完全指节点个数，也可以是计算能力、股权数或者其他的计算机可以比较的特征量。“人人平等”是指当节点满足条件时，所有节点都有权优先提出共识结果、直接被其他节点认同后并最后有可能成为最终共识结果。

9. 区块链智能合约是指在区块链数据库上运行的计算机程序，可以在满足其源代码中写入的条件时自行执行。智能合约一旦编写好就可以被用户信赖，部署完毕就无法更改，即使是代码编写者也不行。智能合约就是计算机中的一段代码，这段代码定义了一个协议，就像现实世界中的合同。当满足一定条件时间后（如合同到期、乙方违约等），合约自动执行，中间无须第三方参与。

构建及执行步骤为：①多方用户共同参与制订一份智能合约；②合约通过 P2P 网络扩散并存入区块链；③区块链构建的智能合约自动执行。

10. 区块链的典型应用主要体现在支付领域、清算和结算、溯源防伪等方面。

第 11 章　数字媒体与虚拟现实习题参考答案

一、名词解释

1. 媒体：媒体是指信息的载体，如文字、声音、图形、图像、视频等；或者传输和控制信息的材料和工具，如磁带、光盘和各种存储卡等。有时候媒体也指控制信息传播的媒体机构，如新闻、广播、电视运营机构等。

2. 数字媒体：数字媒体是有别于传统媒体（如报纸、杂志、广播、电影及电视等）的一种媒体形式，是可以通过计算机进行加工处理，以二进制数的形式记录、处理、传播、获取过程的信息载体。

3. 虚拟现实：虚拟现实又称虚拟环境、灵境或人工环境，是指利用计算机生成一种可对参与者直接施加视觉、听觉和触觉感受，并允许其交互地观察和操作的虚拟世界的技术。

4. 增强现实：增强现实是一种实时地计算摄影机影像的位置及角度并加上相应图像、视频、3D 模型的技术。

5. 自媒体：自媒体是指普通大众通过网络等途径向外发布他们本身的事实和新闻的传播方式。

6. 感觉媒体：感觉媒体是指能够直接作用于人的感觉器官，使人产生直接感觉（如视、听、嗅、味、触觉等）的媒体，如语言、音乐、各种图像、图形、动画、文本等。

7. 表示媒体：表示媒体是指为了传输感觉媒体而人为研究出来的媒体，借助于此种媒体，用户能有效地存储感觉媒体或将感觉媒体从一个地方传送到另一个地方，如语言编码、电报码、条形码等。

8. 表现媒体：表现媒体是指用于通信中使电信号和感觉媒体之间产生转换用的媒体，如输入输出设备，包括键盘、鼠标、显示器、打印机等。

9. 存储媒体：存储媒体是指用于存放表示媒体的媒体，如纸张、磁带、磁盘、光盘等。

10. 传输媒体：传输媒体是指用于传输某种媒体的物理媒体，如双绞线、电缆、光纤等。

二、填空题

1. 图形、图像　2. 互联网　3. 存储媒体、传输媒体　4. 虚拟现实（VR）
5. 增强现实（AR）　6. 自媒体　7. 感觉媒体　8. 表示媒体　9. 表现媒体
10. 存储媒体　11. 传输媒体　12. 多感知性、沉浸感、交互性、自主性
13. 三维注册（跟踪注册技术）、虚拟现实融合显示、人机交互
14. 动态环境建模技术、实时三维图形生成技术　15. 0、1
16. 沉浸、交互、想象　17. 15　18. 摄像头　19. 虚拟现实

20. 教育、军事、工业、艺术与娱乐 21. 三维空间 22. 军事训练
23. 增强现实 24. 人 25. 桌面虚拟现实系统

三、单项选择题

1. B 2. C 3. A 4. D 5. C 6. A 7. D 8. D 9. C
10. A 11. C 12. B 13. D 14. B 15. A 16. A 17. C 18. B
19. C 20. B 21. A 22. C 23. D 24. B 25. A 26. C 27. D
28. D 29. A 30. A 31. D 32. A 33. C 34. C 35. C 36. A
37. B 38. B 39. A 40. B

四、多项选择题

1. ABCDE 2. ABCE 3. AD 4. ABCDE 5. ABD
6. BCDE 7. CDE 8. BDE 9. ABCE 10. BCDE
11. BDE 12. ADE

五、简答题

1. 按照信息载体出现的顺序来分类，媒体主要包括报纸、杂志、广播、电影、电视、互联网、移动网络 7 类。其中前 5 类通常被称为传统媒体，后 2 类则称为新媒体。

根据 ITU 推出的 ITU-TI.374 建议的定义，可以将媒体划分为感觉媒体、表示媒体、表现媒体、存储媒体、传输媒体。

2. 数字媒体是根据文化创意产业数字内容项目的创意策划，以数字技术、网络技术、多媒体技术、计算机图像图形等技术为支撑，主要研究图、文、音、像等数字媒体的捕获、处理、存储、传播、运营、管理、再现等各个环节相关的技术，使抽象的信息或创意变成可感知、可管理和可交互的数字内容作品。

3. 虚拟现实主要具有的特征有多感知性、沉浸感、交互性、自主性。

4. 虚拟现实的关键技术主要包括动态环境建模技术、实时三维图形生成技术、立体显示技术和传感器技术、应用系统开发工具和系统集成技术。

5. 虚拟现实的交互性指用户对虚拟环境内物体的可操作程度和从环境得到反馈的自然程度（包括实时性）。

6. 增强现实（AR）的三大技术要点是三维注册（跟踪注册技术）、虚拟现实融合显示、人机交互。首先，通过摄像头和传感器将真实场景进行数据采集，并传入处理器对其进行分析和重构；然后，通过 AR 头戴式显示器或智能移动设备上的摄像头、陀螺仪、传感器等配件实时更新用户在现实环境中的空间位置变化数据，从而得出虚拟场景和真实场景的相对位置，实现坐标系的对齐并进行虚拟场景与现实场景的融合计算；最后，将其合成影像呈现给用户。

7. 增强现实的应用领域有医疗领域、军事领域、古迹复原和数字化文化遗产保护领域、工业维修领域、网络视频通信领域、电视转播领域等。

8. 增强现实的虚实结合是指，它可以将显示器屏幕扩展到真实环境，使计算机窗口与图标叠映于现实对象，由眼睛凝视或手势指点进行操作；让三维物体在用户的全景视野中根据当前任务或需要交互地改变其形状和外观；对于现实目标通过叠加虚拟景象产生类似于 X 射线透视的增强效果；将地图信息直接插入现实景观以引导驾驶员的行动；通过虚拟窗口调看室外景象、使墙壁仿佛变得透明。

9. 增强现实的特征有虚实结合、实时交互、在三维尺度空间中增添定位虚拟物体。

第 12 章　量子信息技术习题参考答案

一、名词解释

1. 量子：多物理量都有一个不能再分下去的最小单元，这个最小单元就是“量子”，可以是单个粒子，也可以是粒子组合。不仅如此，光波、电磁波等也都是以最小的能量单元，离散地向外界辐射能量，这个最小的能量单元即量子。

2. 不确定原理：1927 年，海森伯提出了“不确定原理”（测不准原理），如坐标和动量 $\Delta p\Delta x \geqslant h/2$，时间和能量也满足 $\Delta E\Delta t \geqslant h/2$，即不可能同时准确测得坐标和动量的精确值，也不能同时测得时间和能量的精确值。

3. 量子比特：在量子信息学中，信息的最小单元叫作量子比特，一个量子比特就是 0 和 1 的量子叠加态。

4. 量子纠缠：在量子力学中，当多个粒子相互作用后，相互作用的粒子综合为整体的性质，无法单独描述各个粒子的性质，只能描述整体的性质，这种现象被称作量子纠缠。

5. 退相干时间：退相干时间是指纠缠态的量子从纠缠态受环境的影响退回到常态的时间。

6. 通用型量子计算机：通用型量子计算机指的是利用量子逻辑门控制量子比特来进行量子计算，它可以看作数字化的量子计算机。

7. 专用型量子计算机：专用型量子计算机是利用量子计算原理，针对某类特定的计算问题而研制的量子计算机。

8. 基于制备—测量的 QKD 协议：基于制备—测量的 QKD 协议采用发送端编码制备特定的光量子态，然后由接收端进行检测解码。攻击者在进行窃听时，需要对传输线路上的量子态进行观测，再重新制备转发给合法的接收方。根据海森伯不确定原理，这个过程必然会引入一定的错误率，从而被收发双方识别。

9. 基于纠缠的 QKD 协议：采用基于纠缠的 QKD 协议的通信双方均需从第三方接收处于纠缠态的一部分光子，然后分别进行相应的测量。根据量子纠缠特性，任何窃听者的截取或测量操作必然会改变纠缠的光量子系统，这很容易被通信双方测到。

10. 量子隐形传态：利用量子纠缠传输量子比特的量子通信方式称为“量子隐形传态”（Quantum Teleportation）。所谓隐形传态，是指如果能够在量子通信的双方（A 和 B）之间建立最大的量子纠缠态，那么 A 和 B 之间可以通过经典通信来协同两地的操作，利用量子纠缠态，可以将 A 处待发送的量子态准确无误地传送给 B 处。

二、填空题

1. 量子　　2. 量子通信、量子计算　　3. hv　　4. 信息论　　5. 存储

6. 频率　7. 物质波　8. 动量　9. 波函数　10. 反物质粒子
11. 量子光学　12. 量子叠加态　13. 叠加态　14. 2^{10}=1 024　15. 确定
16. 信道容量　17. 可扩展性　18. 53　19. 76　20. 首个

三、单项选择题

1. B　2. A　3. C　4. A　5. A　6. B　7. C　8. B　9. C
10. C　11. D　12. B　13. C　14. D　15. C

四、简答题

1. 19 世纪，传统物理学出现了两朵乌云，第一朵就是迈克耳孙–莫雷干涉实验。这个实验本来是为了证明以太的存在，结果发现光速不变，这是当时以伽利略变换为基础的经典物理学无法解释的。后来爱因斯坦（Einstein）采用光速不变原理，用洛伦兹变换代替伽利略变换，诞生了狭义相对论。第二朵乌云就是黑体辐射瑞利–金斯公式的紫外发散。从经典物理学角度来解释黑体辐射，就会导出瑞利–金斯公式，这个公式在长波时和实验结果一致，但到达短波以上波段，就不再符合，波长越短误差越大，这一现象从经典物理学角度无法解释。这一现象发现，直接导致了普朗克量子理论的提出。正是因为出现了经典物理学不能解释的现象，才催生量子理论的诞生。

2. 量子力学随后的发展沿着“自上而下”的粒子物理、“自下而上”的凝聚态物理和量子光学两条路径展开。

3. 当我们能够将物质呈现的量子状态用作信息载体，并且信息的传输和计算过程可以用量子力学描述和操控的时候，才构成真正意义上的“量子信息学”。

4. 到目前为止，量子计算包括离子阱方案、光量子方案、核磁共振方案、超导电路方案、金刚石方案及超冷原子方案等几种方案。

5. 到目前为止，量子计算机发展经历了 3 个阶段。第一阶段是“量子称霸”阶段；第二阶段是实用化量子模拟机阶段；第三阶段是通用可编程的量子计算机阶段。

6. 量子保密通信是建立在海森伯不确定原理、量子不可克隆原理及量子纠缠特性这 3 个量子基本特征之上的。

7. QKD 协议主要包括基于离散变量（Discrete-Variable，DV）编码、基于分布式相位参考（Distributed-Phase-Reference，DPR）编码、基于连续变量（Continuous-Variable，CV）编码。

8. 量子隐形传态协议分为如下 4 步。

（1）制备两个粒子的量子纠缠，将其中一个粒子发送到 A 点，另一个粒子发送到 B 点。两个粒子之间的纠缠态为 4 个贝尔基之一。

（2）在 A 点另外一个粒子 C 携带想要传输的量子比特。假设 A 点和 B 点的 EPR（Einstein-Podolsky-Rosen，爱因斯坦、波多尔斯基和罗森）对处于纠缠态，则 EPR 对和粒子 C 形成总的纠缠态，由四个等概率幅值叠加而成。在 A 点的一方用某个贝尔基同时测量 EPR

粒子的粒子 C，得到测量结果为上述的四个态之一。这个测量使得 EPR 对的纠缠解除，而 A 点的 EPR 粒子和粒子 C 则纠缠到了一起。

（3）A 点的一方利用经典信道把自己的测量结果告诉 B 点的一方。

（4）B 点一方收到 A 点的测量结果后，就知道了 B 点剩下的 EPR 粒子处于哪个态。如果 A 点一方的测量结果是四个态中的 1，则 B 点的一方不需要任何操作，A 点到 B 点隐形传态实现。如果测量结果是 2、3、4，则 B 点的一方需对 B 点的 EPR 粒子做不同的幺正变换，于是隐形传态实现。

9. 卫星由量子纠缠源、量子纠缠发射机、量子密钥通信机、量子实验控制与处理机、卫星平台等组成。

10. 第一次科技革命（也称第一次工业革命）的物理学基础为热力学、刚体力学和流体力学。第二次科技革命称为电力革命，也称第二次工业革命，从 19 世纪中叶持续到 20 世纪中叶，以电力大规模使用为代表。第二次工业革命的物理学基础为电动力学，由于麦克斯韦方程组与牛顿力学原理上冲突，导致了相对论的提出，同时由于经典电磁波本身存在不可克服的辐射难题，直接导致了光量子假说的提出。第三次科技革命也称为信息革命，从 20 世纪中叶一直持续到现代，以各类电子计算机的大规模应用为代表。第三次科技革命的物理学基础为凝聚态物理学、量子光学和核物理。

11. 第一阶段是“量子称霸”阶段，即专用量子计算机针对特定问题的计算能力超越经典超级计算机，学术界将这一成就称为“量子称霸”。一般实现量子称霸大约需要 50 个量子比特的相干操纵。第二阶段是实用化量子模拟机阶段，即实现数百个量子比特相干操纵的专用性量子计算机系统，应用于具有实用价值的组合优化、量子化学、机器学习等方面，可用于指导新材料设计、药物开发等。第三阶段是通用可编程的量子计算机阶段，即能够操纵数亿个量子比特，实现可容错的量子计算机，能在经典密码破译、大数据搜索、人工智能等方面发挥巨大作用。

12. 发送方使用光源一次发送一串光子，每个光子可以看作一量子比特信息。当光子传输时，发送方会随机在两种不同类型的“基”中选择一种来进行编码处理。

接收方需要记录在量子信道接收的每个光子。为了得到每个光子所携带的信息，接收方必须像发送方一样随机选择两种可能基中的一种来测量每一个光子，并记录下其测量时所用到的测量基类型，测量基的选择必须是随机的，且与发送方制备光子时所用的基无关。接下来，发送方和接收方通过经典信道公开比对双方在制备和测量光子时所选用的基。发送方和接收方随机选择会导致收发双方存在使用部分相同的基，也存在使用不同基的情况。当发送方和接收方使用相同的测量基时，测出的结果是两端相同的，发送方和接收方会保留这些比特作为密钥的一部分。当发送方和接收方使用不同的测量基测量光子时，收发双方测出的结果是完全随机的，此时应将这部分测量结果丢掉，不在最后的密钥中使用。

当发送的每一个量子比特都被接收方接收后，发送方和接收方通过公共信道交互每一个光子时所使用的测量基类型，这就可以为收发双方生成共享密钥提供足够的信息，但攻击者是无法利用这些公开的信息获取任何密钥信息的。

在量子态的发送和检测步骤结束后，QKD 还需要通过参数估计过程，通过对误码率等参数的评估识别当前是否存在窃听。然后，还需通过密钥过程数据的纠错、校验、隐私放大等后处理过程，保证收发两端得到完全一致、安全的随机数，用于双方进行保密通信所需的对称密钥。另外，QKD 中还有一个重要的环节是身份认证，可通过经典信道进行。

13. 仅用量子纠缠是无法完成信息传输的。假设两个量子形成纠缠态，第一个量子取 0 态，第二个量子必然取 1 态；第一个量子取 1 态，第二个量子必然取 0 态。如果事先将两个量子相互远离，把要传的信息给第一个量子编码，当让第一个量子取确定值 0 时，第二个量子马上就变成 1，反之亦然。第一个量子作为发送者，第二个量子作为接收者，这样就可以传输信息。但是，要想让第一个量子取确定值，用户需要去测量它。对第一个量子来说，它是 0 和 1 各有一半的概率，用户测量 N 次，每次只有 1/2 次的概率得到用户想要的确定值。所以发送者每次测量要挑选测对的 $N/2$ 个来编码。但这样接收方对第二个量子就不明白了，因为测量结果是随机的，接收方没有方法知道用户到底挑的是哪一半来编码的。

这个时候为了传递信息，只能通过发送者用经典通信让接收端知道该挑哪些，这个经典信道通信是没有办法超过光速的。它也限制了量子纠缠传递信息不能超过光速。

14. 量子力学带来的信息技术成就主要包括以下几点：固体能带理论支撑的半导体技术，发现了多种半导体材料，制成了晶体管、集成电路，使计算机和通信技术飞速发展。

量子光学支撑的激光，出现了用途广泛的各类激光产品，同时发明了光纤，使通信容量大幅度提高。

量子力学支撑的磁盘，使存储技术发生质的飞跃。

量子光学原理支撑显示器和摄像头的快速发展。

量子力学决定的原子钟频率标准，使时间频率更精确。

量子叠加态的使用使量子计算实现真正意义上的并行计算。

量子纠缠、测不准原理、量子不可复制性，使量子保密通信成为可能。

15. 根据量子力学，$E = h\nu$，能级间隔越准确，电子跃迁发射出的光子能量也就越准确，那么光子的频率 ν 也就越准确。选取合适的原子，把它的电子在能级间跃迁辐射出的光子的准确频率测量出来，这就是原子钟的原理。今天全球时间标准是用铯原子钟定义的，即用铯-133 原子的最外层电子的基态能级和第一激发态之间的频率作为标准。1 秒定义为 9 192 631 770 除以该频率，也就是以该频率振荡 9 192 631 770 个周期所需要的时间。除了铯原子钟外，氢原子钟和铷原子钟也得到广泛应用。这些采用常温的原子钟的时间准确度已经达到了 10^{-13} 量级，即几万年只差 1 秒的水平。

16. 2020 年 12 月 4 日，中国科学技术大学潘建伟团队成功构建了 76 个光子的量子计算原型机“九章”。这一突破使我国成为全球第二个实现“量子优越性”的国家。2006 年，我国在世界上首次利用诱骗态方案实现了安全距离 100 千米的光纤量子密钥分发实验。2008 年，我国在合肥实现了国际上首个全通型量子通信网络。2012 年，我国在合肥建成了世界上首个覆盖整个合肥城区的规模化量子通信网络，标志着大容量的城域量子通信网络技术已成熟。2013 年，光纤量子通信骨干网工程“京沪干线”正式立项，这条干线连接北京、上海，贯穿济南、合肥，全长 2000 余千米，是世界上首条量子保密通信主干网，并于 2017 年建成。2005 年，我国在国际上首次在相距 13 千米的两个地面目标之间实现了自由空间中的纠缠分发和量子通信实验。2007 年，我国在长城实现了 16 千米水平高损耗大气信道的量子隐形传态传输。2008 年，我国在中科院上海天文台对高度为 400 千米的低轨卫星进行了星—地量子信道传输特性试验，验证了星—地信道的传输特性，首次完成了星—地单光子发射和接收实验。

17. 2016 年，美国启动了为期 5 年的多站点、多节点的量子网络建设工作。美国还成立了一家专门从事量子通信网络建设的公司，计划利用成熟的量子密钥分发方法和专有的可信节点技术，在美国开展量子通信网络建设，并为政府机构和企业提供量子安全加密解决方案。

英国正在建设英国国家量子通信测试网络，目前已经建成连接多个机构和大学的干线网络，并于 2018 年扩展到英国国家物理实验室和英国电信公司，该网络由英国 2015 年启动的国家量子技术专项予以支持，由约克大学牵头建设。

意大利启动了总长约 1700 千米的连接弗雷瑞斯和马泰拉的量子通信骨干网建设计划，2017 年已建成连接弗雷瑞斯—都灵—佛罗伦萨的量子通信骨干线路。

俄罗斯于 2016 年启动了首条多节点量子互联网络试点，该量子网络连接了 4 个节点，每个节点之间的距离为 30～40 千米。俄罗斯投资专项资金用于支持俄罗斯量子中心开展量子通信研究，并借鉴京沪干线经验，在俄罗斯建设量子保密通信网络基础设施，先期将建设莫斯科到圣彼得堡的线路。俄罗斯量子中心为俄罗斯储蓄银行建成了专用于传递真实金融数据的实用量子通信线路。

2016 年，欧盟发布了量子宣言，启动了总投资 10 亿欧元的量子技术旗舰计划，主要目标之一就是计划 10 年左右建成量子互联网。

第 13 章　信息安全与职业素养习题参考答案

一、名词解释

1. 信息安全：信息安全是指在信息产生、存储、传输与处理的整个过程中，信息网络能够稳定、可靠地运行，受控、合法地使用，从而保证信息的机密性、完整性、可用性、可控性及不可否认性等安全属性。

2. 机密性：机密性是指维护信息的秘密，即确保信息没有泄露给非授权的使用者。

3. 完整性：完整性是指维护信息的一致性，即保证信息的完整和准确，防止信息被未经授权（非法）的篡改。

4. 可用性：可用性是指保证服务的连续性，即确保基础信息网络与重要信息系统的正常运行，包括保障信息的正常传递，保证信息系统正常提供服务等，被授权的用户根据需要能够从系统中获得所需的信息资源服务，它是信息资源功能和性能可靠性的度量。

5. 信息安全威胁：信息安全威胁是指对信息资源的机密性、完整性、可用性、可控性及不可否认性等方面所造成的危险。

6. 计算机病毒：计算机病毒是指人为编制或在计算机程序中插入的破坏计算机功能或毁坏数据、影响计算机使用并能自我复制的一组计算机指令或程序代码。

7. 网络攻击：网络攻击是指任何威胁和破坏计算机或网络系统资源的行为，如非授权访问或越权访问系统资源、搭线窃听网络信息等。

8. 可控性：可控性是指对信息和信息系统实施安全监控管理，保证掌握和控制信息与信息系统的基本情况，可对信息和信息系统的使用实施可靠的授权、审计、责任认定、传播源追踪和监管等控制。

9. 不可否认性：不可否认性是指信息系统在交互运行中，确保并确认信息的来源以及信息发布者的真实可信及不可否认的特性。

二、单项选择题

1. C　2. A　3. B　4. D　5. B　6. D　7. D　8. B　9. B
10. A　11. C　12. A　13. A　14. C　15. A　16. D　17. C　18. D
19. B　20. A　21. B　22. D　23. C　24. A　25. B　26. A　27. C
28. D　29. D　30. A　31. A　32. C　33. B　34. B　35. D　36. A
37. A　38. C

三、多项选择题

1. AC　2. ABCD　3. ABCD　4. ABCD　5. AC

四、简答题

1. 影响信息安全的因素主要包括传统互联网自身的安全问题，大数据时代面临的安全问题，云计算带来的信息安全威胁，移动互联网带来的安全问题，物联网技术应用带来的安全问题，自媒体等信息传播新形式的发展带来的安全问题。

2. 一般认为，现代信息安全的发展可以划分为通信保密、计算机安全、信息安全、信息保障 4 个阶段。但随着网络空间安全概念的提出，信息安全的发展步入了第 5 个阶段，即网络空间安全阶段。

3. 安全威胁之所以存在，有网络自身安全缺陷的因素，也有人员、技术、管理等方面的原因。总结起来，主要包括以下几个方面。

（1）网络本身存在安全缺陷。Internet 从建立开始就缺乏安全的总体构想和设计；TCP/IP 协议簇是在可信环境下为网络互联专门设计的，缺乏安全方面的考虑。

（2）各种操作系统都存在安全问题。操作系统是一切软件运行的基础，操作系统自身的不安全性，系统开发设计不周而留下的漏洞，都会给网络安全留下隐患。

（3）网络的开放性。所有信息和资源可以网络共享以及远程访问，但同时也为各种攻击提供了更方便的途径。此外，主机上的用户之间彼此信任的基础是建立在网络连接之上的，容易被假冒。

（4）用户（恶意的或无恶意的）和软件的非法入侵。入侵网络的用户也称为黑客，黑客可能是某个无恶意的人，其目的仅是破译和进入计算机系统，既不破坏计算机系统，也不窃取系统资源；或者是某个心怀不满的雇员，其目的是对计算机系统实施破坏；也可能是一个犯罪分子，其目的是非法窃取系统资源，对数据进行未授权的修改或破坏计算机系统。

4. 针对计算机网络信息安全受到多方面威胁的现实情况，为保障网络信息安全，需要使用多种安防技术、安防设备，具体包括企业部署 IPv6 网络、使用 WAF（网站应用级入侵防御系统）防火墙和入侵检测系统、安装防病毒软件系统。

5. 计算机病毒是一种由编程人员编写的短小精悍的可执行程序。它通常附着在正常程序或磁盘的引导扇区中，同时也会存储在表面上看似损坏的磁盘扇区中，因此计算机病毒具有隐蔽性。计算机病毒无论是在存储还是传播途径上都会想方设法地隐藏自己，以尽量避开用户或杀毒软件。

6. 无论是何种病毒程序，一旦侵入计算机系统，都会对操作系统的运行造成不同程度的影响。即使不直接产生破坏作用的病毒程序也要占用系统的资源（如内存空间、磁盘存储空间等）。绝大多数病毒程序在运行时要显示一些文字或图像，会影响系统的正常运行。还有一些病毒程序会删除系统中的文件，或加密磁盘中的数据，甚至摧毁整个系统，使系统无法恢复，造成无法挽回的损失。因此，病毒程序轻则降低系统的运行效率，重则导致系统崩溃或数据丢失。计算机病毒的破坏性体现出了绝大多数计算机病毒设计者的真正意图。

7. 文件传染源病毒感染程序文件。这些病毒通常感染可执行代码，如.com 和.exe 文件等，当受感染的程序在 U 盘或硬盘上运行时，可以感染其他文件。

8. 计算机病毒的防范措施主要有：更新系统补丁，加强对系统账户名称及密码的管理，取消对“隐藏已知文件类型的扩展名”的选取，防止在浏览网页时被植入病毒。

9. 入侵者（或攻击者）所采用的攻击手段主要有以下 8 种特定类型。

（1）冒充。将自己伪装成为合法用户（如系统管理员），并以合法的形式攻击系统。

（2）重放。攻击者首先复制合法用户所发出的数据（或部分数据），然后进行重发，以欺骗接收者，进而达到非授权入侵的目的。

（3）篡改。通过采取秘密方式篡改合法用户所传送数据的内容，实现非授权入侵的目的。

（4）拒绝服务。中止或干扰服务器为合法用户提供服务或抑制所有流向某一特定目标的数据。

（5）内部攻击。利用其所拥有的权限对系统进行破坏活动。这是最危险的攻击类型，据有关资料统计，80%以上的网络攻击及破坏与内部攻击有关。

（6）外部攻击。通过搭线窃听、截获辐射信号、冒充系统管理人员或授权用户、设置旁路躲避鉴别和访问控制机制等各种手段入侵系统。

（7）陷阱门。首先通过某种方式侵入系统，然后安装陷阱门（如植入木马程序），并通过更改系统功能属性和相关参数，使入侵者在非授权情况下能对系统进行各种非法操作。

（8）特洛伊木马。这是一种具有双重功能的客户/服务体系结构。特洛伊木马系统不但拥有授权功能，而且还拥有非授权功能，一旦建立这样的体系，整个系统便被占领。

10. 使用计算机应遵循以下原则。

（1）不要随便尝试不明的或不熟悉的计算机操作步骤。遇到计算机发生异常而自己无法解决时，就立即通知网络管理员，请专业人员解决。

（2）不要随便运行或删除计算机上的文件或程序。不要随意修改计算机参数等。

（3）不要随便安装或使用不明来源的软件或程序。不要随意开启来历不明的电子邮件或电子邮件附件。

（4）定期更换密码（每一个月为一个更改周期），如发现密码已泄露，就尽快更换。预设的密码及由别人提供的密码应不予采用。

（5）定期使用杀毒程序扫描计算机系统。对于新的软件、档案或电子邮件，应先使用杀毒软件扫描，检查是否带有病毒、有害的程序编码，进行适当的处理后才可开启使用。

（6）先以加密技术保护敏感的数据文件，再通过互联网进行传送。在适当的情况下，利用数字证书为信息及数据加密或加上数字签名。

（7）关闭电子邮件所带的自动处理电子邮件附件功能，关闭电子邮件应用系统或其他应用软件中可自动处理的功能，以防计算机病毒入侵。

11. 信息安全从业人员应遵循如下道德规范。

（1）首先，工作单位应该有安全意识，为职业人员创造信息化的环境，强化信息意识和信息安全道德的职业教育，加强对信息能力方面的培训，把信息素养纳入人才选拔和考核的基本条件；其次，从业人员自身要注意学习，自我提升，掌握计算机软件使用技巧，主动学习信息技术和信息常识，提高对网络信息的敏感度和注意力，提升对信息知识的鉴别、利用能力。

（2）从业人员要尊重知识产权，未经允许不要随便复制和散播任何软件和资料；发表信息应该真实，不要欺骗别人，不能捏造虚假新闻，不传播对社会和他人有害的信息，不成为信息垃圾的制造者和传播者；不要肆意攻击他人网站，篡改他人的资料。

（3）在使用信息资源的过程中从业人员要建立自主抵御有毒信息的意识。在信息搜集、整理、分析判断、加工处理、表达应用中，应尊重知识产权，注重保护个人隐私、商业机密、国家秘密，维护信息安全；有毒信息往往混杂在浩瀚的信息资源中，利用信息时代信息传播的便捷横行霸道，有的问题会让成千上万的计算机瘫痪，有的问题会带来极恶劣的社会影响。

第 14 章 信息检索习题参考答案

一、名词解释

1. 信息检索：信息检索是指将信息按一定的方式组织和存储起来，并根据特定需要，运用检索工具和检索技术手段找出相关信息的过程。

2. 截词检索：截词检索又称词干检索，用截断词的一个局部进行检索，计算机会将所有含有相同部分的记录全部检索出来，这样可以简化检索程序，扩大检索范围，防止漏检，提高查全率。常用的截词符有“？”“*”“$”等。截词检索的方式主要包括右截断、左截断、中间截断、复合截断等。

3. 布尔逻辑检索：布尔逻辑检索是目前计算机检索中运用最广泛的传统检索技术。它利用布尔逻辑运算符连接不同检索词，计算机根据逻辑表达式进行相应的集合运算和数据匹配，以筛选出所需的文献信息，具有运算简单、描述准确、查准率和查全率高的优点。常用的布尔逻辑运算符有 3 种，分别是逻辑“或”（OR）、逻辑“与”（AND）、逻辑“非”（NOT）。

4. CNKI：CNKI 是中国知识基础设施工程的英文简称，是目前世界上全文信息量规模较大的数字图书馆之一，其所提供的知识信息内容按文献类型包括学术期刊、学位论文、会议、报纸、年鉴、专利、标准、成果、图书、法律法规等。

5. OA 资源：OA 资源是开放存取（Open Access）的简称，是在网络环境下，国际学术界为了推动科研成果，利用互联网自由传播而采取的全新机制，包括期刊、图书、仓储、预印本、会议论文、专利、标准、课件等，用户可免费使用 OA 平台中的所有资源。

6. 专利文献：专利文献是指记载专利申请、审查、批准过程中所产生的各种有关文件的资料。广义的专利文献包括专利申请书、专利说明书、专利公报、专利检索工具以及与专利有关的一切资料；狭义的专利文献仅指各国（地区）专利局出版的专利说明书或发明说明书。

7. 学位论文：学位论文指的是完成某种学位必须撰写的论文。学位论文在格式等方面有严格要求，按照所申请的学位不同，可分为学士论文、硕士论文、博士论文三种；按照研究方法不同，学位论文可分理论型论文、实验型论文、描述型论文三类。

8. 文献传递：文献传递是指将用户所需的文献复制品以有效的方式和合理的费用，直接或间接传递给用户的服务。

9. 科技查新：科技查新是指具有科技查新资质的机构为委托方在科研立项、科技成果评价、新产品开发、高新企业认定等方面提供鉴证的一种情报咨询服务。

10. 查收查引：查收查引全称为论文收录和被引用查询检索，指根据用户提出的需求和资料，检索其论文被收录、引用及期刊分区等情况，并根据检索结果出具带有公章的检索证明。

二、单项选择题

1. B 2. B 3. A 4. B 5. A 6. B 7. A 8. C 9. A 10. C
11. C 12. D 13. C 14. A 15. B 16. B 17. D 18. D 19. A 20. C

三、多项选择题

1. BCE 2. ABCE 3. ABE 4. ABCDE 5. ABCDE

四、简答题

1. 根据检索手段的不同，信息检索可以分为手工检索与计算机检索。手工检索是通过卡片目录、各种工具书等纸质载体为依托的检索方式。计算机检索是指通过数据库、软件技术、网络及通信系统进行的信息检索，又可分为单机检索、联机检索、光盘检索和网络检索。

2. 对检索获取的信息资源进行鉴别，主要注意以下几个方面。

（1）文献信息来源的权威性和正规性。

（2）获取信息的完整性，避免断章取义。

（3）获取信息著者（发布者）的考证。

（4）数据性信息来源的精准性，尽量采用第一手文献。

3. 可以查找中文期刊论文全文的数据库主要有中国知网数据库、万方数据库、维普资讯中文期刊数据库和超星期刊数据库等，此外还有龙源期刊网、博看期刊等数据库，但后者在期刊来源的数量、质量和文献分析等方面都不太成熟。

查找中文学位论文全文的数据库主要有 CALIS 高校学位论文库、中国知网学位论文数据库、万方数据中国学位论文全文数据库等。

4. 科技查新有严格的工作规范和查新程序，查新主要有 3 种类型，分别是科研立项查新、科技成果查新和专利申报查新。

针对不同的需求，客户需要到指定的查新单位下载并按要求填写“查新课题委托单”，据实填写课题的主要技术特征、发明点、创新点、参数和主要技术指标等完整信息，以及课题的检索词、检索式等信息内容及相关参考资料文献，供查新人员参考。

当委托单填写完成并经过双方确认后，需要签字盖章并支付相应费用，查新受理机构根据客户所提交的申请出具查新报告。

查新报告主要包括课题的技术要点、检索过程与检索结果、查新结果 3 项内容，其作用主要有：为科研立项提供客观依据；为科技成果的鉴定、评估、验收、转化、奖励等提供客观依据；为科技人员进行研究开发提供可靠而丰富的信息。

5. 我们可以通过以下几种方式获取期刊文献原文。

（1）通过所在学校图书馆的印刷型纸质期刊获取期刊文献原文。

（2）通过所在学校图书馆的电子全文数据库，比如中国知网等获取期刊文献原文。

（3）通过网络搜索可免费获取部分期刊文献原文。

（4）通过馆际互借系统获取期刊文献原文传递服务。

（5）通过检索平台（如超星发现系统）申请获取期刊文献原文。

（6）通过免费的 OA 平台获取部分期刊文献原文。

（7）通过图书馆信息服务群、联系邮箱等途径申请获取期刊文献原文。

6. 个人文献管理工具，也称电子文献目录管理工具，是一种帮助个人管理文献资料的软件。它可以打通文献信息检索、文献管理分析和论文写作的流程，指导个人用户收集、整理、管理和引用参考文献。

7. 知网研学平台是在提供传统文献服务的基础上，以云服务的模式，提供集文献检索、阅读学习、笔记、摘录、笔记汇编、论文写作、投稿、个人知识管理等功能为一体的个人学习平台，提供网页端、桌面端（Windows 和 macOS 等）、移动端（iOS 和安卓等）等多端数据云同步，满足学习者在不同场景下的学习需求。

8. 论文选题决定其内容是否具有理论及实用价值，是否具有创新性。论文选题应当遵循以下原则：

（1）可实施性：选题的方向要结合自身的知识储备和专业水平等实际情况，扬长避短，选择自己熟悉的专业，以利于深入进行问题的研究；

（2）实用性：选题宜小不宜大，可以是专业领域的某一点或某一方向，可从社会关注的热点选取，可从不同学科的交叉结合选题，也可针对已有的学术观点和科研成果选题，但均需注意避免泛泛而谈、面面俱到而又言之无物；

（3）科学性：选题应通过资料检索选择科学前沿课题，关注新理论、新技术、新方法的应用，争取有创造性突破或研究创新点。